奶牛

◎ 李孟娇 著

养殖场粪污处理模式选择及影响因素分析

——以京津沪奶牛优势区为例

ANALYSIS OF DAIRY FARM WASTE TREATMENT MODE SELECTION AND INFLUENCING FACTORS

——A CASE STUDY OF BEIJING-TIANJIN-SHANGHAI DOMINANT REGION

中国农业科学技术出版社

图书在版编目（CIP）数据

奶牛养殖场粪污处理模式选择及影响因素研究：以京津沪奶牛优
势区为例 / 李孟娇著 . —北京：中国农业科学技术出版社，2017.1
　ISBN 978-7-5116-2802-2

　Ⅰ. ①奶…　Ⅱ. ①李…　Ⅲ. ①乳牛场 – 生产管理 – 研究
Ⅳ. ① S823.9

　中国版本图书馆 CIP 数据核字（2016）第 253571 号

责任编辑　范　潇
责任校对　贾海霞

出 版 者　中国农业科学技术出版社
　　　　　北京市中关村南大街 12 号　邮编：100081
电　　话　（010）82106625（编辑室）（010）82109702（发行部）
　　　　　（010）82109709（读者服务部）
传　　真　（010）82106625
网　　址　http：//www.castp.cn
经 销 者　各地新华书店
印 刷 者　北京富泰印刷有限责任公司
开　　本　710mm×1 000mm　1 /16
印　　张　5.25
字　　数　83 千字
版　　次　2017 年 1 月第 1 版　2017 年 1 月第 1 次印刷
定　　价　29.80 元

前　言
Preface

随着畜禽养殖的规模化、集约化程度不断加深，畜禽养殖过程中产生的大量畜禽粪便及污水对环境造成严重污染，引起世界各国的广泛关注。在各类畜禽粪污中，个体奶牛粪便日排放量为 20 488.7kg/ 头，是生猪的 13.47 倍、羊的 25.06 倍，且氮、磷含量较高，是名副其实的"排污大户"。因此，对奶牛粪污的治理显得尤为必要。京津沪奶牛优势区作为四大奶牛养殖优势区中唯一的大城市郊区代表，具有规模化程度高、土地资源紧张、环境保护压力大的特点，随着规模化畜禽养殖的不断发展，畜禽污染成为其养殖业发展面临的重要制约。

本研究根据排泄系数法计算了 21 世纪以来北京、天津、上海三个地区的畜禽从及奶牛粪便、养分及污染物产生量，并在此基础上估算了京津沪奶牛优势区三个市的畜禽粪便耕地负荷量及警戒值。结果表明，京津沪奶牛优势区整体的负荷量较高，对环境造成威胁。分地区来看，北京地区的畜禽粪便污染程度高于上海、天津两市。

为了解影响京津沪奶牛优势区养殖场粪污处理模式选择的因素，本研究进一步基于 66 家奶牛养殖场的数据，运用 Logit 模型对影响京津沪奶牛优势区的奶牛养殖场粪污处理模式选择及因素进行计量分析。结果表明，养殖区域、牛场法人文化程度、养殖场土地资源的丰富程度和是否得到补贴等政策因素，影响了养殖场是否选择工业化的粪污处理的模式。

本书出版得到了现代奶牛产业技术体系北京市创新团队和农业部软课题

1

"发展规模养殖与环境保护问题研究"（Z201335）资助，在课题研究中得到了国内许多领导、专家学者的帮助与指导，特别是我的指导老师中国农业科学院农业信息研究所董晓霞研究员、中国农业大学人文与发展学院于乐荣副教授、中国社会科学院胡冰川副研究员等给予的指教，在此一并感谢。

奶牛养殖场废弃物处理模式是一个复杂的命题，涉及人文、社会、经济、管理、环境、计算机等若干学科和领域。由于本书涉及内容较多，作者水平有限，书中错误或不妥之处在所难免，恳请同行和读者批评指正，以便今后进行改正和完善。

目 录
Contents

第一章

绪 论

一、研究背景和意义

　　畜禽养殖带来的环境污染问题是发达国家和发展中国家共同关心的问题。20 世纪 50 年代，发达国家开始进行大规模集约化畜禽养殖，由此产生的大量畜禽粪便及污水对环境造成严重污染。1948 年，美国《联邦水污染控制法案》中就明确将集约化畜禽养殖定义为点源污染的一种。20 世纪 60—70 年代，芬兰、挪威、日本等畜牧业发达的国家和地区也出现了畜禽粪便污染问题（董晓霞等，2013），日本更用"畜禽公害"的概念高度概括了这一问题的严重性（刘培芳等，2002）。奶牛养殖业是畜禽养殖业中的重工业，粪水排污量远远高于其他畜禽的养殖。据中国奶业协会 2004 年（存栏 1 100 万头）的统计结果显示，我国奶牛养殖每年产生约 18 亿吨粪污、垫料、饲料残渣等废弃物（《人民日报》，2005），点源和面源污染同时存在。随着近年来奶牛存栏数量（2012年存栏 1 494 万头）的不断增加，初步估计我国奶牛养殖每年产生约 25 亿吨粪污、垫料、饲料残渣等废弃物。目前，奶牛集聚养殖已经成为大中城市郊区的主要污染源，奶牛场环境污染问题已经成为制约奶牛养殖业健康稳定发展的主要因素之一（董晓霞 等，2014）。为了控制环境污染，我国大中城市的规模化奶牛养殖场的外迁工作在全国范围内展开，粪便收集、处理和加工等奶牛废弃物管理系统优化项目正在进行（刘旭 等，2004）。

20世纪以来，中国奶牛养殖业快速发展，规模化发展成为趋势。其中，奶牛存栏数量、奶产量迅速提升，2013年我国奶牛存栏1 443万头，较2000年增加195.1%；牛奶产量为3 531万吨，较2000年增加327.0%。农业部第二轮《全国奶牛优势区域布局规划（2008—2015）》，京津沪奶牛优势区被定为我国四大奶牛优势区（东北内蒙古自治区奶牛优势区、华北奶牛优势区、西北奶牛优势区）之一。其代表了大城市郊区的奶牛养殖业发展现状，2013年，包括北京、上海、天津三市的17个县（场）的年末存栏为37.07万头，占全国奶牛年末存栏总数的2.6%；牛奶产量为156.24万吨，占全国牛奶总产量的4.4%；100头以上的规模养殖场共565家，占全国的4.59%。该区域乳品消费市场大，加工能力强，牛群良种化程度高，部分农场的奶牛单产水平达到10吨以上。同时，面临土地资源极为紧张，环境保护压力大的困境，随着规模化畜禽养殖的不断发展，畜禽污染成为其养殖业发展面临的重要制约。

本研究以京津沪奶牛优势区为例，畜禽粪便农田负荷量及粪污处理模式研究为主题，具有理论和实践的双重研究意义。其一，就理论意义而言，本研究将研究区域定义为大城市郊区的京津沪奶牛优势区，丰富了关于畜禽粪污处理模式方面的研究。其二，就实践意义而言，京津沪地区开展"十二五"主要污染物减排监测活动、重点对纳入年度减排计划的规模化畜禽养殖场（小区）开展监督检查，监督其污染物排放状况、排放去向、污染治理设施运行情况、废弃物综合利用情况等，在此背景下，研究具有一定的实践意义。

二、国内外研究现状

（一）国外研究现状

对奶牛粪便污染现状的研究。国外众多学者的研究表明：奶牛等畜禽养殖业环境污染问题的原因是由于农场配套耕地不足或盲目施用饲料带来的土地负荷过大。如Lanyon and Thompson（1996）认为，畜禽养殖业环境污染问题的根本原因是畜禽养殖与饲料供给地的分离。Bannon and Klausner（1996）研究证明，畜禽养殖场配套一定数量的饲料地（玉米）对畜禽粪便中养分的再循环利用以及生态环境保护至关重要。Wuand Satter（2000a，2000b），Morse et al.（1992），Van Horn et al.（1994）的研究表明，含磷饲料的过量施用导致了畜禽粪便中 P 的含量超标。Powell et al.（2001）的研究也证实了过量施用养分含量较高的饲料将会导致需要更多的土地来消纳畜禽粪污。

随着新一轮针对畜禽养殖业养分管理计划的实施，奶牛粪便中 P 的含量已被作为评价水体质量的关键指标（USDA/USBPA 1999；NRCS 2001）（Powell J M，Douglas B，Jackson-Smith，et al. 2002）。Combs and Peters（2000）测量了1995—1999 年 Wisconsin 州土壤中 P 的含量，结果显示，被测土壤的 75% P 含量呈现出较高的水平（24 mg/kg），50% 的被测土壤的 P 含量水平甚至高于 38 mg/kg。Proost（1999）的研究表明，Wisconsin 州许多奶牛养殖场的土地 P 含量非常高，甚至已经超标。对土地承载力的测算已引起国外学者的关注。Basnet（2002）等以澳大利亚 Queensland 州东南部的 Murray Darlng 盆地中的 Westbrook 子流域为研究区，对畜禽粪便处理的土地适宜性级别进行了分析，其实际目标是确定区域内土地对畜禽粪便的承载力。Provolo（2005）等以单位面积的氮元素负荷作为指标，即每公顷土地的氮施用量/作物需氮量，并与 GIS 结合实现粪肥管理实施进行评价分析，但其不足以进行农场尺度的污染风险评估。Jordan（2007）等将土壤类型水文学分类与地形坡度、砾石度、洪灾和土壤湿度不足分类等结合构成风险矩阵，制作 50m 格网的动物液态粪便承载图。

对奶牛场粪污防治法律法规的研究。目前，奶牛场环境控制已引起各国政府关注，欧美许多国家已出台了防治畜禽污染的相关法律法规（李孟娇等，2014）。法国关于牛场环境控制的法律法规包括：《土壤保护法》规定：排放于土地中的农场污水，每公顷氮的含量在 140~150kg。农业污染控制计划（PMPOA）规定：通过对养殖企业生产废物的处理和储存来保护水质，由专业人员对奶业生产者环境保护措施进行帮助和指导。荷兰关于牛场环境控制的法律法规包括：1971 年荷兰立法直接规定：不经任何处理直接将粪便排入土壤、地表水属违法行为。从 1984 年起，规定每公顷土地超过 2.5 个畜单位，农场主必须缴纳一定数量的粪便费。荷兰《环境管理法》规定：任何可能对环境造成破坏和污染的活动都必须经过相关政府机关的批准，在此批准过程中，必须进行环境影响的评价和环境污染预防审计。美国关于牛场环境控制的法律法规较为完善，建立起一个以联邦环境保护法规为核心，以州级法规政策为补充，以地方管理措施为落脚点的三位一体的奶业环境污染综合防治体系。如《联邦水污染控制法案》中，即明确将集约化畜禽养殖定义为点源污染的一种。《清洁水法案》规定，畜禽养殖场为污染物排放源，限制畜禽养殖生产规模；对饲养牲畜头数在 1 000 个牲畜单位以上的养殖场需领取排污许可证。

对粪污处理模式的研究。在欧洲、美洲的发达国家，奶牛粪污常规的处理方法是囤积较长时间后还田（一般来说为半年以上），即自然处理。但近年来调查发现，奶牛粪污污染问题并没得到很好地解决（C NMulligan，2004）。除去自然处理模式，欧美发达国家奶牛粪污处理模式还有环保模式、能源—环保模式、生态工程模式等（李孟娇等，2014）。但其主流模式为沼气发酵模式，包括推流式发酵、全混合发酵和厌氧过滤器发酵三种工艺（胡启春，宋立，2005）。

目前，国外关于沼气模式的研究集中在技术层面。如 Ami Smith et al.（2004）研究了美国北方寒冷地区（纽约州、明尼苏达州，冬季平均气温低于零摄氏度）运行良好的 6 座奶牛场沼气工程，发现有 5 座采用的是推流式发酵工艺，处理规模分别是 1 000~2 400 头牛，采用热电联技术，发电机的规模在 130~200 kW，发电余热用于发酵装置增温；纽约的 Matlink 奶牛场则在 2001 年建设了一座全混合沼气发酵装置，采用中温发酵，发酵后出水的后处理方法与推流式发酵装置相似。C N Mulligan（2004），D Hodgkinson，G Liu，M Kubines（2004）研究了加拿大处理牛场粪污的大型全混合沼气发酵装置。

另外，关于奶牛养殖污水处理的生物工艺及其处理效果也引起了相关学者的注意。如 WJ Oswald（1980）研究发现，水藻可增加畜禽养殖废水生物处理的有效性。Craggset et al.（2004）研究发现，在新西兰和澳大利亚，超过 1 000 个奶牛和猪养殖场采用生物利用两池系统处理污水，该系统可有效去除悬浮物和碳，达到较理想的效果。Bolan et al.（2004）对新西兰牧场进行的试点试验也发现，两池处理系统中辐射松的树皮能有效去除污水中的营养物。有些学者则关注其他一些新型处理工艺，Burton C H，Turner C.（2003），Hahne J（2001）研究了德国联邦农业研究中心（FAL）开发的年生产能力为 1.5 万吨奶牛粪尿的多级处理工艺，即好气性嗜热技术结合氮再生和利用化学添加剂降低可溶性磷含量技术处理奶牛粪尿工艺，FAL 具有多级处理工艺，其中，好气性嗜热工艺用于消毒、氮分离、减少异味。Rodriquez J（2001）研究了西班牙养猪业高度密集的卡塔卢尼亚西部地区，采用 VALPUREN 工艺在当地处理过剩的动物粪尿（包括奶牛粪尿），处理后的动物粪尿制成高效有机肥，然后销售到其他地区，同时用该工艺生产的沼气来发电。Ogink NWM, et al.（1998）研究了由荷兰 3 家研究机构和 6 家公司联合，开发的一种小型的处理猪和奶牛粪尿的工艺：HERCULES 工艺，这种工艺的核心是直接在圈内对粪便和尿液分别进行处理，固体粪便与 5% 的麦秸混合后进行生物处理，可输出高效有机肥，而液体部分用硝酸溶液酸化后，在具有蒸发和气体洗涤功能的反应器中进一步处理，气体中的氨被酸液吸收，溶液被蒸发浓缩成液体氮肥。

（二）国内研究现状

国内对奶牛粪污处理模式的研究起因于奶牛粪污处理不当引起的环境污染问题（曹从荣、张漫等，2004）。20 世纪 80 年代，随着我国奶牛养殖规模化的发展，传统的还田模式已不能满足粪污处理的无害化要求。学术界就粪污处理模式展开了广泛研究。

对奶牛粪便污染现状的研究。许多学者从畜禽（包括牛）粪便总量及其中养分含量出发分析其污染风险。如彭里和王定勇（2004）利用调研数据并结合国内外研究，确定了重庆市畜禽粪便年排放量估算方法和各种估算参数，在此基础上估算出了重庆市主要畜禽的粪便年排放量和粪尿中氮、磷、钾等物质的含量。汪开英等（2009）、张玲玲等（2011）、周凯等（2010）等、郭东升等（2012）、陈斌玺等（2012）人利用类似的畜禽粪便年排放量估算方法和估算参数分别估算了浙江省、武汉城市圈、河南省、湖南省以及海南省的畜禽粪便排放量及其中的有机物含量，并比较了不同种类和不同地区畜禽粪尿排放量及当地的畜禽粪便农田负荷量。进一步地，陈微等（2009）研究了中国畜禽粪便资源总量及其能源潜力，并分别以单位耕地面积猪粪当量负荷和氮磷负荷为标准对中国畜禽养殖的环境容量和污染风险进行了初步评估，结果表明2003年我国畜禽粪便产生量为26.6亿吨猪粪当量，全国24个农区中有4个区的猪粪当量负荷超过30t/hm^{2}的环境限量，有9个区的猪粪当量负荷超过20吨/公顷的全国平均值。基于我国畜禽污染现状，有些学者试图探索通过改变畜禽承载力的方法，减轻我国畜禽污染水平。刘忠等（2010）通过比较大田作物地、蔬菜、园地每季所能承载的畜禽数量，提出可以根据区域需要，通过提高作物对肥料的利用率、调整化肥与粪肥用量、调整种植结构等方式改变畜禽承载力的大小的方法。

畜禽（包括奶牛）粪便中不仅含有氮磷等营养物质，同时含有重金属、可溶性盐、激素等污染物，处理不当将对土壤、地下水造成严重污染。一些研究从畜禽（包括奶牛）粪便污染物含量出发分析其污染风险。李帆等（2012）通过调查采样及测试分析的方法，分析了安徽省主要畜禽养殖品种粪便中的重金属含量，结果表明畜禽粪便长期大量施用于农田存在着一定的重金属累积超标风险。王成贤等（2011）针对规模化畜禽养殖业发达地区畜禽粪便引发的重金属和可溶性盐污染负荷重等问题，以杭州市为例，通过空间分析与基于土壤盐分和重金属累积模型的模拟预警分析，评估了畜禽粪便农用过程中对温室土壤次生盐渍化和重金属累积的潜在影响。刘姝芳等（2013）、王辉等（2007）、李慕菌等（2013）分别关注了黑龙江省、吉林省和辽宁省畜禽养殖类固醇激素排放量，江苏省150家养殖场（户）的180个畜禽粪便样品中的盐分含量以及出口畜禽产品的碳排放总量。

还有学者通过经济模型分析预测表明，若不进行适当干预，我国未来的畜禽污染有进一步加重的趋势。仇焕广等（2013）利用中国农业可持续发展决策支持系统（CHINAGRO）对2020年我国总体和各省畜禽粪便排放和污染的发展趋势进行了预测分析，结果表明如不进行适当政策干预，全国畜禽粪便总污染量将在2020年达到2.98亿吨。朱宁和马骥（2014）根据一定的测算系数估算出中国畜禽粪便产生量将在 2020 年和 2030 年分别达到 28.75 亿吨和 37.43 亿吨。

对奶牛粪污处理模式的研究。早期对奶牛等畜禽粪污处理模式的研究主要是论述不同处理模式流程及其优缺点。董克虞（1998）认为畜禽粪便水分、COD、BOD、SS 等含量较高，用常规方法很难处置，提出资源化和综合利用是处理畜禽粪尿污水的最佳途径，论述了烘干膨化、猪乐菌、沼气、生态养殖和人工生态工程等各种处理方法的优缺点。曹从荣、张漫（2004）、王凯军（2004）则总结了国内外的粪污处理技术、设备和模式的优缺点，例如还田模式、厌氧发酵—自然处理模式、达标排放处理模式、能源环保模式、生态工程模式等。郭娜等（2010）分别就目前常用的物理化学法、生物处理法、自然处理法以及综合处理法等处理方法对养殖废水的处理效果和应用前景进行了评述。费新东、冉奇严（2009）概括了我国集约化养殖粪便污水处理主要的三种方式：自然堆沤处理、好氧生物处理以及厌氧生物处理（大中型厌氧沼气工程），着重介绍了沼气工程的主要工艺及我国沼气工程存在的问题。

20 世纪 90 年代以来，随着我国对沼气工程的大力支持（林斌等，2009），学术界也对奶牛粪污处理的沼气工程模式展开大量研究，主要关注其技术工艺和经济、环境效益。胡启春，宋立（2005）综述了国内外奶牛养殖场沼气工程技术应用现状，分析了奶牛粪沼气发酵潜力和三种主要沼气发酵工艺的技术特点。韩芳等（2011）以三座沼气工程为基础，对其厌氧消化工艺、工程运行管理和投入产出情况进行分析探讨，并在此基础上，提出中国畜禽养殖场沼气工程建设厌氧消化技术的优化运行方案：完全混合式厌氧反应器、升流式固体反应器和高浓度推流式反应器适用于高悬浮固体浓度、高固体发酵原料的"能源生态型"沼气工程。孙家宾（2011）以规模化猪场为例，介绍了地埋式常温 CSTR 工艺在崇州市卫世养殖场的应用及运行情况，全面分析了沼气工程的直接经济效益和综合社会效益。梁亚娟、樊京春（2004）以实际运行的养殖场沼气示范工程为例，利用财务评价的方法对工程的规模效益及发展潜力进行了定量的分析，指出了制约沼气工程发展的技术障碍是项目的技术水平较低。为提高沼气工程的经济效益，需要在提高技术水平的同时，其规模应向大型化方向发展，使沼气工程尽快实现真正的商业化运行。王玉法（2007）研究了官溪村以利用沼气为纽带的"猪—沼—果（粮）"生态农业模式和"一池三改"建设，取得了显著的经济效益、生态效益和社会效益，这在农村具有示范推广应用价值。彭新宇（2007）对养殖专业户采纳沼气技术防治污染进行技术经济评价和行为研究，进而提出基于专业户畜禽污染防治的绿色补贴政策，具有重要的理论补充以及实践指导意义。刘雪珍、施玉书、牛文科（2007）介绍了浙江省建德市新安江万秋生态养殖场配建沼气工程，运用厌氧消化技术和"三沼"综合利用技术，对该场年排放量约 9 000 吨养殖污水进行无害化处理和资源化综合利用，实现污水零排放，不仅治理了养殖污染问题，而且使有机废弃物化害为利、变废为宝。张全国，范振山，杨群发（2005）设计了一种新型厌氧发酵系统——辅热集箱式畜禽粪便沼气系统，该系统采用太阳能和生物质能辅助加热方式，由若干个集箱式发酵单元组成，可根据养殖规模集装成 50 立方米、100 立方米、200 立方米、300 立方米、500 立方米等不同规模的沼气工程。

由于技术落后、产气量少、北方冬季温度低等因素，沼气模式在我国奶牛粪污处理中显现出一定的局限性。因此，部分学者转而关注粪污处理的其他模式，研究重点围绕技术工艺展开。肖冬生（2002）提出了一种经济、高效、节能和多层次综合利用粪污水处理工艺，并使污水排放达到国家三级水标准。王浚峰等（2011）则主要阐述了国内目前粪污处理的常用工艺，着重介绍了固液分离工艺。黄华等（2013）着重探讨了奶牛场的粪污收集、发酵腐熟以及有机肥料的精细加工工艺。吴丽丽等（2010）详细分析了目前常用的畜禽粪污固液分离方法、设备、原理、应用及优缺点，并指出了固液分离设备未来发展方向。张勤等（2005）重点研究了厌氧消化处理高浓度有机废水的特点和影响厌氧处理效果的主要因素，同时提出了厌氧处理后的沼液、沼渣等综合利用途径和应用中应注意的事项。

对影响粪污处理模式选择因素的研究。目前，国内研究粪污处理模式主要从技术层面展开（仇焕广等，2013），对影响畜禽粪污处理模式选择因素的研究则刚刚起步，主要采用宏观政策分析的方法，从管理和政策层面进行分析。

如吕文魁等（2013）在对沼气系统、"堆肥＋废水处理"、生物发酵床三类畜禽养殖废弃物综合利用主要技术模式的应用可行性进行评价研究时，主要关注指标为综合减排效益、COD 去除率、氮磷去除率、施工操作难度、技术风险、设施建设费用、运管费用和经济效益等因素。曹从荣、张漫（2004）从三种模式的优缺点出发，具体分析了不同模式的投资及经济参数，并分别列举了在模式选择过程中政府、养殖行业需要考虑的因素。分析结果表明，从养殖行业角度讲，投资节省和运行费用低是最重要的考虑因素；从政府角度讲，则需要综合考虑众多因素，如管理成本、补贴压力、环境风险等。

一些研究在实地调查数据的支持下，分析了养殖户畜禽粪便处理方式因素的研究。如莫晓霞等（2011）运用描述性统计分析的方法，分析了当地环境污治理政策、家庭非农收入水平和播种面积等因素对畜禽粪便的处理方式的影响。仇焕广等（2013）采用 Probit 和 OLS 方法分析了影响养殖户（包括散户与专业户）畜禽粪污废弃的因素，研究结果显示，大多数已有的畜禽污染治理政策仅对散户有效，而对专业户作用不大。回归结果表明，制定垃圾管理规章制度、专人监管垃圾投放和建立沼气池等措施能有效减少散户的畜禽粪便污染，但对于专业户只有专人监督垃圾投放才能发挥作用。

（三）文献评述

从国内外研究动态看，对畜禽粪污处理模式的研究呈现出以下特征：第一，在研究对象方面，对生猪养殖场畜禽粪污处理模式研究较多，对肉鸡、蛋鸡、奶牛养殖场粪污处理模式的研究鲜见。第二，在研究内容方面，主要关注沼气模式，对有机肥等工业化处理模式关注较少。第三，在研究视角方面，主要从粪污处理技术层面展开，如分析某些具体的粪污处理模式的优缺点、工艺改进措施、产生的经济、环境效益分析等内容（Ami Smith et al.，2004；Burton C H，Turner C. 2003；Hahne J 2001；张全国、范振山、杨群发，2005；肖冬生，2002）从宏观影响因素视角研究较少。第四，在研究方法方面，多采用简单描述性统计方法，缺乏大规模实证研究和经济建模方法。第五，关于粪污处理模式影响因素的研究刚刚起步，近年来专家学者关注度在不断提高。

三、研究内容和方法

（一）研究目标和内容

在畜禽污染日益严重的背景下，本研究的总体目标是，以全国四大奶牛优势区之一京津沪奶牛优势区为研究对象，透过其目前畜禽粪污污染现状和粪污处理现状，进一步分析影响其粪便、污水处理模式因素的原因，揭示其背后的深层次原因，并尝试提出适合大中城市郊区养殖业合理发展的对策建议，为促进畜牧业健康可持续发展，加快建设环境友好型社会提供政策依据。基于此研究目标，研究内容主要包括以下4个方面。

京津沪奶牛优势区畜禽污染现状研究。本研究主要针对京津沪奶牛优势区畜禽粪污处理适用模式展开研究，对粪污处理模式展开详细研究之前，首先需要了解该地区的畜禽污染现状。出于实际情况考虑，本研究在选择该地区畜禽养殖种类时，依据《中国畜牧业年鉴（2000—2013）》列出的各类畜禽，选出该地区养殖量较大的5类畜禽：奶牛、肉牛、生猪、羊、禽类作为研究对象。运用排泄系数法估算该地区畜禽粪便总量以及其中的养分、污染物含量，并计算出奶牛粪便所占比重。最后以含氮量为标准计算该地区的土地负荷。

京津沪奶牛优势区粪污处理模式现状研究。展开影响养殖场粪污处理模式选择因素的研究之前，首先有必要对该地区的粪污处理模式现状进行初步分析。利用问卷调查法收集到的数据，从描述性统计的角度，了解该地区养殖场（散户、养殖小区）目前采用的畜禽粪污处理模式，区分还田模式和工业化处理模式。

影响京津沪奶牛优势区畜禽粪污处理模式的因素分析。该部分采用计量经济模型进行研究分析，对养殖场（散户、养殖小区）采用的粪便、污水处理模式的影响因素进行二元 Logit 分析，试图剖析其深层次的原因。

促进京津沪奶牛优势区养殖业合理发展的政策建议。通过上述内容得出的结论，提出针对大中城市郊区奶牛养殖粪污处理模式选择的政策措施。

（二）研究方法

排泄系数法。目前，国内畜禽粪便量测算主要采用两种方法：一种是国家环保总局使用的测算方法，即将存栏量、日排泄系数和饲养周期三者相乘，此方法得出的是一个周期的粪便产生量，用于估算全年的粪便产生量时，得出的结果偏小；另一种是将畜禽年内出栏和年末存栏之和、日排泄系数和饲养周期三者相乘（刘培芳，陈振楼，许世远等，2002），由于年末存栏数未经历完整的饲养周期，此种方法易高估粪便产生量。结合已有文献（张玲玲、刘化吉、赵丽娅，2011；张绪美、董元华、王辉，2007；廖青、黄东亮、江泽普等，2013）本研究结合两种估算方法的优点，考虑不同畜禽饲养周期，对存栏数量的确定进行了技术处理，具体估算方法和步骤如下。

畜禽粪便产生量的估算：

$$Q = \sum_{i=1}^{n} N_i \times T_i \times M_i \qquad (1)$$

（1）式中，Q 表示畜禽粪便产生量，单位为吨（t）；N_i 为第 i 类畜禽年饲养量，单位包括头、只、万羽等；T_i 为第 i 类畜禽饲养周期，单位为天（d）；M_i 为第 i 类畜禽粪便日排泄系数，单位为克/天（g/d）。

畜禽粪便养分产生量的估算：

$$NQ(NP) = \sum_{i=1}^{n} Q_i \times E_i \qquad (2)$$

在（1）式基础上，进一步采用（2）式进行粪便养分产生量的估算。（2）式中，NQ（NP）表示畜禽粪便养分产生量，单位为吨（t）；Q_i 表示第 i 类畜禽粪便产生量，单位为吨（t）；E_i 表示第 i 类畜禽单位质量粪便养分产生量，单位为克（g）。

畜禽粪便污染物产生量的估算：

$$WQ = \sum_{i=1}^{n} N_i \times T_i \times W_i \qquad (3)$$

最后，粪便污染物产生量被估算，（3）式中，WQ 为畜禽粪便污染物产生量，单位为吨（t）；W_i 为第 i 类畜禽粪便污染物排泄系数，单位为克 / 天（g/d）。

畜禽粪便耕地负荷量的估算：

$$q = \frac{NQ_i}{S} \qquad (4)$$

式中，q 为各类畜禽粪便的农田负荷量，单位为吨 / 公顷（t/hm²）；NQ_i 为第 i 类畜禽粪便中的氮含量，单位为吨（t）；S 为农田耕地面积，单位为公顷（hm²）。

警戒值的计算：

$$R = \frac{q}{p} \qquad (5)$$

式中，R 为畜禽粪便耕地负荷量警戒值；p 为耕地以猪粪当量计算的有机肥最大适宜施用量 *，单位为吨 / 公顷；q 含义同（4）。

$R<0.4$ 时，为 Ⅰ 级，对环境不造成威胁；$0.4 \leqslant R<0.7$，为 Ⅱ 级，对环境稍有威胁；$0.7 \leqslant R<1$ 时，为 Ⅲ 级，对环境造成威胁；$1 \leqslant R<1.5$ 时，为 Ⅳ 级，对环境构成较严重的威胁；$R \geqslant 1.5$ 时，为 Ⅴ 级，对环境造成严重威胁（宋大平、庄大方，陈巍等，2012）。

二元 Logit 模型。本研究中采用二元 Logit 模型分析影响奶牛养殖场粪污处理选择的因素，二元 Logit 模型可用如下公式表示：

$$P(y) = \frac{\exp\left(\beta_0 + \sum_{i=1}^{m} \beta_i X_i\right)}{1 + \exp\left(\beta_0 \sum_{i=1}^{m} \beta_i X_i\right)} \qquad (6)$$

式中，y_i 的取值（1，2）代表牛场粪便处理方式。粪便的处理方式有单一

---

* 本文 q 取值45。依据刘培芳等人的研究，以产粮区为例，有机肥中氮的施用量为225千克 / 公顷，折合成猪粪当量最大值用量为45吨 / 公顷。

还田模式和工业化处理模式两种，其中，工业化处理模式包括生产有机肥、沼气、干湿分离生产再生垫料等形式。X_i 的取值代表影响牛场粪污处理模式选择的因素，分为三部分：一是养殖场整体情况，包括牛场法人（场主）文化素质、牛场自有或租用饲料地面积、牛场粪污处理设备投资等；二是粪污处理运营条件，包括牛场粪污处理设施设备、牛舍粪污清理方式、挤奶厅粪污处理方式、是否有雨污分离设施、是否有排污沟等方面；三是政策因素，包括政府是否对粪污处理给予政策补贴等。

（三）技术路线

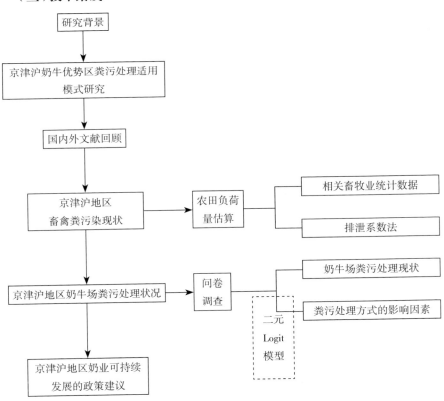

四、本章小结

本章主要介绍了本研究的相关背景、国内外研究现状等，指出在畜禽环境污染日益引起重视的条件下，本研究选取大城市郊区的京津沪奶牛优势区作为研究对象具有重要的理论意义和现实意义。同时，本章概括了国内外对于畜禽粪便污染、畜禽粪便处理模式以及畜禽粪便处理模式影响因素的相关研究综述，指出现有对畜禽粪污处理模式的研究仅仅是简单分析其影响因素，多采用简单描述性统计方法，缺乏实地走访、经济建模等量化分析，进一步指出本研究利用定量分析方法研究特定区域奶牛粪污处理模式影响因素的价值。

第二章

京津沪奶牛优势区畜禽污染计算方法

一、数据来源和计算方法

本章根据排泄系数法主要计算了 21 世纪以来北京市、天津市、上海市三个地区的畜禽粪便产生量、畜禽粪便养分产生量、畜禽粪便污染物产生量。其中，京津沪地区的畜禽养殖量和耕地规模数据来源于国家统计局，排泄系数采用国家环保局规定的畜禽排泄系数和前人研究成果（张绪美等，2007；廖青等，2012；张玲玲等，2011）修订后的数据（表 2-1），计算公式在上文研究方法中。畜禽种类包括牛（奶牛）、羊、猪、家禽四类，畜禽粪便养分量测算主要关注易造成水体、土壤富营养化的 N、P，畜禽粪便污染物测算主要关注生化需氧量（BOD）和化学需氧量（COD）。在测算畜禽粪便的耕地负荷量时，为计算方便，将不同种类畜禽粪便产生量统一换算成猪粪当量。

表 2-1　畜禽污染物日排泄系数　　　　　　　　单位：克／天

畜禽种类	粪便	尿	BOD5	CODcr	TN%	TP%
牛	20 500	44 450	722	1 100	0.5	0.082

畜禽种类	粪便	尿	BOD5	CODcr	TN%	TP%
奶牛	27 000	56 700	639	1 100	0.5	0.082
生猪	2 200	2 900	203	266.00	0.45	0.074
羊	2 300	1 500	9.76	11.02	0.500	0.216
家禽	120	—	10.13	6.75	1.370	0.413

数据来源：国家环保局

二、京津沪奶牛优势区畜禽粪便负荷量计算

（一）粪便产生量计算

21 世纪以来，京津沪奶牛优势区畜禽饲养量呈逐年减少的变化趋势。2000 年，畜禽饲养总量为 35 921.65 万头（只），2005 年减少至 34 098.93 万头（只），下降比例为 5.1%。2013 年，京津沪奶牛优势区畜禽饲养量为 21 773.76 万头（只），较 2005 年下降 36.1%。其中，牛的饲养量呈先增加后减少趋势，2000 年牛的饲养量为 44.68 万头，2005 年上升到 74.20 万头，之后逐年下降，2013 年牛的饲养量为 55.58 万头（表 2-2）。奶牛的饲养量占牛饲养量的比重逐年增加，2000 年奶牛饲养量占牛饲养量比重为 44.5%，2005 年这一比重达到 53.1%，2013 年这一比重高达 64.9%（表 2-3）。

由于牛（特别是奶牛）的排泄系数较大，21 世纪以来京津沪奶牛优势区畜禽粪尿产生量呈先增加后减少趋势，与奶牛饲养量变化趋势相同。2000 年，京津沪奶牛优势区畜禽粪尿产生量为 2 504.34 万吨，2005 年增加到 3436.77 万吨，增加幅度为 37.2%。随着畜禽饲养量的不断下降，2005 年后京津沪奶牛优势区畜禽粪尿产生量不断下降，2013 年为 2361.40 万吨，较 2005 年下降 31.3%（表 2-4）。其中，奶牛粪尿产生量占畜禽粪尿总产生量的比重不断增加，表明奶牛粪尿污染日益严重，2000 年这一比重为 18.8%，2005 年这一比重上升为 27.2%，2013 年这一比重达到 36.2%。

表2-2 21世纪以来京津沪奶牛优势区畜禽饲养量变化　　单位：万头（只）

品种	2000	2005	2010	2011	2012	2013
牛	44.68	74.20	56.32	57.40	57.48	55.58
奶牛	19.90	39.37	38.56	37.75	37.63	36.07
猪	1 127.02	1 210.87	936.11	931.90	937.56	919.69
羊	244.54	370.92	122.49	118.23	125.07	131.01
家禽	34 505.41	32 442.94	22 814.55	22 252.37	21 749.20	20 667.49
汇总	35 921.65	34 098.93	23 929.46	23 359.90	22 869.31	21 773.76

数据来源：国家统计局

表2-3 21世纪以来京津沪奶牛优势区奶牛饲养量占牛饲养量比重　　单位：万头

品种	2000	2005	2010	2011	2012	2013
牛	44.68	74.20	56.32	57.40	57.48	55.58
奶牛	19.90	39.37	38.56	37.75	37.63	36.07
占比	44.5%	53.1%	68.5%	65.8%	65.5%	64.9%

数据来源：笔者计算

表2-4 21世纪以来京津沪奶牛优势区畜禽粪尿产生量　　单位：万吨

种类	2000	2005	2010	2011	2012	2013
牛粪尿	1 059.19	1 759.04	1 335.13	1 360.77	1 362.66	1 317.62
奶牛粪尿	471.76	933.33	914.13	894.93	892.09	855.10
猪粪尿	919.65	988.07	763.87	760.43	765.05	750.46
羊粪尿	339.18	514.47	169.89	163.98	173.47	181.71
禽粪尿	186.33	175.19	123.20	120.16	117.45	111.60
汇总	2 504.34	3 436.77	2 392.08	2 405.35	2 418.63	2 361.40

数据来源：笔者计算

（二）畜禽粪便养分产生量计算

畜禽粪便养分（主要为 N、P）的含量直接反映出畜禽粪便对于土壤的污染风险。畜禽粪尿中养分产生量呈逐年下降趋势，2000 年畜禽粪尿中 N 的产生量为 22 611.86 吨，2013 年下降到 13 744.20 吨，下降比例为 39.2%。2000

年畜禽粪尿中 P 的产生量为 6 560.17 吨，2013 年下降到 3 966.86 吨，下降比例为 39.5%（表 2-5）。由于奶牛粪尿中 N、P 含量较低，且奶牛饲养量远不及家禽等其他畜禽，因此奶牛粪尿中 N、P 含量占比较小。一般来讲，畜禽粪便污染物的流失率在 30%~40%（廖青、黄东亮、江泽普等，2013），按保守流失率 30% 计算，2013 年畜禽粪尿养分 N、P 的流失量分别为 4 123.3 吨和 1 190.1 吨。

表 2-5　21 世纪以来京津沪奶牛优势区畜禽粪便养分产生量　　　　单位：吨

养分	2000	2005	2010	2011	2012	2013
N	22 611.86	21 685.25	15 065.49	14 710.07	14 416.58	13 744.20
P	6 560.17	6 195.90	4 368.04	4 263.38	4 170.57	3 966.86

数据来源：笔者计算

（三）畜禽粪便污染物产生量计算

畜禽粪便中的有机污染物（主要是 BOD、COD）对水体造成污染，污染途径为：一是通过直接排放进入水体，二是粪便储存过程中经雨水冲刷等原因进入水体。21 世纪以来，京津沪奶牛优势区畜禽粪便污染物 BOD 产生量不断减少，与畜禽饲养量变化趋势保持一致。2000 年畜禽粪便污染物 BOD 产生量为 619.42 万吨，2013 年则减少到 491.18 万吨，下降幅度为 20.7%（表 2-6）。其中，奶牛粪便中污染物 BOD 产生量占比不断增加，2000 年京津沪奶牛优势区奶牛粪便污染物 BOD 产生量占畜禽粪便污染物 BOD 总产生量比重仅为 0.02%，2005 年这一比重达到 1.7%，2013 年这一比重增加至 1.9%（表 2-7）。

21 世纪以来，京津沪奶牛优势区畜禽粪便污染物 COD 产生量呈先增加后减少趋势，与奶牛饲养量变化趋势保持一致。2000 年，京津沪奶牛优势区畜禽粪便污染物 COD 产生量为 77.37 万吨，2005 年增加到 92.67 万吨，增加比例为 19.8%。之后逐年减少，2013 年京津沪奶牛优势区畜禽粪便污染物 COD 产生量为 68.26 万吨，较 2005 年减少 11.8%（表 2-6）。其中，奶牛粪便污染物 COD 产生量占畜禽粪便 COD 产生总量比重不断上升，2000 年占比 10.3%，

2005 年增加到 17.1%，2013 年则达到 21.2%（表 2-7）。

表 2-6　21 世纪以来京津沪奶牛优势区畜禽粪便污染物产生量　　单位：万吨

污染物	2000	2005	2010	2011	2012	2013
BOD	619.42	618.56	580.47	439.02	390.89	491.18
COD	77.37	92.67	69.88	69.94	70.09	68.26

数据来源：笔者计算

表 2-7　21 世纪以来奶牛粪便污染物产生量占畜禽粪便污染物产生总量比重

指标	2000	2005	2010	2011	2012	2013
奶牛 BOD 占比	0.02%	1.68%	1.75%	2.27%	2.54%	1.94%
奶牛 COD 占比	10.33%	17.06%	22.16%	21.67%	21.56%	21.22%

数据来源：笔者计算

（四）京津沪奶牛优势区畜禽粪便耕地负荷量计算

21 世纪以来京津沪奶牛优势区畜禽粪便耕地负荷量变化与奶牛饲养量变化趋势保持一致，呈先增加后减少趋势。2000 年京津沪奶牛优势区耕地负荷量为 23.01 吨 / 公顷，随着奶饲养量的不断增加，2005 年京津沪奶牛优势区耕地负荷量增加到 33.37 吨 / 公顷，较 2000 年增加 45%。随着畜禽饲养量的不断下降，2005 年后京津沪奶牛优势区畜禽粪便耕地负荷量逐年减少，2013 年减少至 27.86 吨 / 公顷，较 2005 年下降 16.5%，但仍逼近 30 吨 / 公顷的限值，远高于 4.19 吨 / 公顷的全国平均值（表 2-8）。

表 2-8　21 世纪以来京津沪奶牛优势区畜禽粪便耕地负荷量　　单位：万吨、千公顷、吨 / 公顷

指标	2000	2005	2010	2011	2012	2013
猪当量	2 435.64	3 336.83	2 353.96	2 367.78	2 374.64	2 310.41
耕地	1 058.48	1 000.08	832.08	830.26	829.16	829.16
负荷	23.01	33.37	28.29	28.52	28.64	27.86
警报值	0.51	0.74	0.63	0.63	0.64	0.62

数据来源：笔者计算

畜禽粪便农田负荷警戒值可以衡量某一地区畜禽粪便施用量是否超过了耕

地承载力，以及对环境造成威胁的程度。依据京津沪奶牛优势区畜禽粪便负荷量警戒值的测算结果，2005 年警戒值处于 $0.7 \leqslant R < 1$ 范围之间，为Ⅲ级，对环境造成威胁，其他年份警戒值在 $0.4 \leqslant R < 0.7$ 之间，为Ⅱ级，对环境稍有威胁。

第三章

北京市畜禽养殖和污染现状研究

一、北京市畜禽粪便产生量计算

21 世纪以来，北京市畜禽养殖规模呈先增加后减少的变化趋势。2000 年畜禽总饲养量为 13 366.99 万头（只），2005 年增加至 16 267.15 万头（只），较 2000 年增加 22%。2013 年畜禽饲养总量为 10 807.22 万头（只），较 2000 年减少 19%（表 3–1）。其中，奶牛饲养量占比不断增加，2000 年奶牛在牛饲养量中占比为 55.30%，2005 年上升至 67.61%，2013 年上升至 69.78%（表 3–2）。

与畜禽饲养量变化趋势一致，21 世纪以来北京市畜禽粪尿产生量变化趋势呈现先增加后减少的趋势。2000 年畜禽粪尿总产生量为 989.57 万吨，随着饲养量的增加，2005 年畜禽粪尿产生量增加至 1381.96 万吨，随后北京市畜禽饲养量不断减少，畜禽粪尿产生量也不断减少，2013 年畜禽粪尿产生量减少至 877.69 万吨（表 3–3）。其中，奶牛由于个体较大，粪尿的日排泄系数最高，粪尿产生量所占比重也较高（仅次于猪，排名第二），且占比逐年升高。2000 年，奶牛粪尿在所有畜禽粪尿产生量中所占比重为 23%，2005 年增加至

28%，2013 年则达到 38%。

表 3-1　21 世纪以来北京市畜禽饲养量　　　　　　单位：万头（只）

品种	2000	2005	2010	2011	2012	2013
牛	17.18	24.30	20.69	21.06	21.36	20.35
其中：奶牛	9.50	16.43	15.75	15.07	15.15	14.20
猪	418.22	449.42	311.93	312.20	306.11	314.39
羊	123.93	256.13	60.63	57.77	58.07	59.47
家禽	12 807.66	15 537.30	11 779.74	10 736.65	10 089.37	10 413.01
汇总	13 366.99	16 267.15	12 172.98	11 127.68	10 474.91	10 807.22

数据来源：国家统计局、北京市统计局

表 3-2　21 世纪以来北京市奶牛饲养量占比　　　　　　单位：万头

指标	2000	2005	2010	2011	2012	2013
牛	17.18	24.30	20.69	21.06	21.36	20.35
奶牛	9.50	16.43	15.75	15.07	15.15	14.20
占比	55.30%	67.61%	76.13%	71.56%	70.93%	69.78%

数据来源：笔者计算

表 3-3　21 世纪以来北京市畜禽粪尿产生量　　　　　　单位：万吨

种类	2000	2005	2010	2011	2012	2013
牛粪尿	407.25	576.08	490.46	499.27	506.38	482.43
奶牛粪尿	225.21	389.50	389.50	357.26	359.16	336.64
猪粪尿	341.27	366.73	254.53	254.76	249.79	256.54
羊粪尿	171.89	355.26	84.09	80.12	80.54	82.48
禽粪尿	69.16	83.90	63.61	57.98	54.48	56.23
总计	989.57	1381.96	892.69	892.13	891.19	877.69

数据来源：笔者计算

二、北京市畜禽粪便养分产生量计算

畜禽粪便养分的含量呈现先增加后逐年下降的变化趋势，2010 年后逐渐保持平稳。2000 年畜禽粪尿中 N 的产生量为 8 454.56 吨，2005 年迅速增加至

10 414.12 吨，之后逐年下降，2013 年下降至 6 791.65 吨。2000 年畜禽粪尿中 P 的产生量为 2 435.23 吨，2005 年增加至 2 948.65 吨，之后呈逐年下降趋势，2013 年下降至 1 978.70 吨（图 3-1）。按保守估计 30% 流失率来算，2013 年畜禽粪尿中养分含量 N、P 的流失量分别为 2 037.50 吨和 593.61 吨，分别较 2000 年下降了 20% 和 19%。

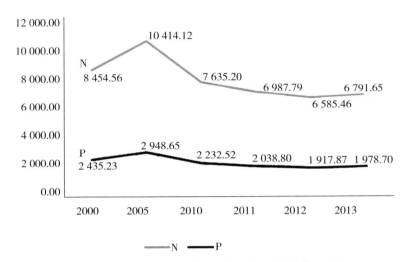

图 3-1　21 世纪以来北京市畜禽粪便养分产生量（单位：吨）

三、北京市畜禽粪便污染物产生量计算

2000 年畜禽粪尿中 BOD 产生量为 24.39 万吨，2005 年增加至 29.00 万吨，之后逐年平稳下降，2013 年稳定在 20.53 万吨。2000 年畜禽粪尿 COD 产生量为 29.09 万吨，2005 年增加至 34.63 万吨，之后逐年平稳下降，2013 年下降至 24.95 万吨（图 3-2）。奶牛粪尿中污染物产生量较大，随着饲养量的不断增加，污染物产生量在畜禽总污染物产生量中所占比重呈上升趋势。2000 年奶牛粪尿 BOD、COD 产生量占畜禽 BOD、COD 总产生量的比重分别为 9.1%、13.1%（表 3-4）。2013 年这一比重分别达到 16.1%、22.8%。按保守流失率 30% 计算，2013 年畜禽粪尿中总 BOD、COD 产生量分别为 6.16 万

吨和 7.49 万吨，较 2000 年分别下降 15.8% 和 14.2%。但 2013 年奶牛粪尿中 BOD、COD 流失率较 2000 年分别增加 49.5% 和 49.5%。

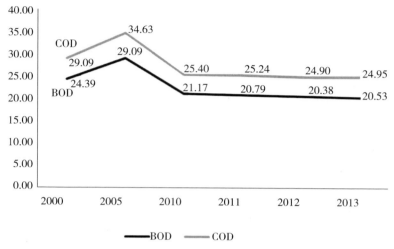

图 3-2　21 世纪以来北京市畜禽粪便污染物产生量（单位：万吨）

表 3-4　21 世纪以来北京市奶牛粪尿中污染物含量占畜禽污染物含量比重

比例	2000	2005	2010	2011	2012	2013
奶牛 BOD 占比	9.1%	13.2%	17.4%	16.9%	17.3%	16.1%
奶牛 COD 占比	13.1%	19.0%	24.9%	24.0%	24.4%	22.8%

数据来源：作者计算

四、北京市畜禽粪便耕地负荷量计算

21 世纪以来，北京市畜禽粪便的耕地负荷量呈逐年上升趋势，表明北京市畜禽污染日益严重。2000—2005 年间，耕地负荷量不断上升的原因主要是由于畜禽饲养量的不断增加造成的；2005 年以来，耕地负荷量的不断上升则是由于耕地面积的不断减少造成的。2000 年，北京市畜禽粪便 耕地负荷量为 27.39 吨 / 公顷，2005 年上升到 37.96 吨 / 公顷，2013 年则上升到 39.72 吨 / 公顷（表 3-5）。北京市畜禽耕地负荷量警戒值中，只有 2000 年警戒值为 Ⅱ

级，对环境稍有威胁。其他年份警戒值都为Ⅲ级，对环境造成威胁。

表 3-5　21 世纪以来北京市耕地负荷量计算　单位：万吨、千公顷、吨/公顷

指标	2000	2005	2010	2011	2012	2013
猪当量	954.02	1322.06	901.00	895.64	892.56	877.22
耕地	348.28	348.28	223.78	221.96	220.86	220.86
负荷	27.39	37.96	40.26	40.35	40.41	39.72
警报值	0.61	0.84	0.89	0.90	0.90	0.88

数据来源：国家统计局、北京市国土资源局

五、本章小结

21 世纪以来，北京市畜禽粪便产生量与饲养量变化情况保持一致，呈先增加后减少趋势，畜禽粪便耕地负荷量则逐年上升，2000—2005 年北京市耕地负荷量逐年上升的原因主要是由于畜禽饲养量不断增加造成的。2005—2013年耕地负荷量逐年上升，则主要是由于耕地面积锐减造成的。依据警戒值测算结果，2000 年警戒值为Ⅱ级，对环境稍有威胁，其他年份警戒值都为Ⅲ级，对环境造成威胁。北京市畜禽粪便产生量与畜禽饲养量变化趋势保持一致，呈先增加后减少趋势，畜禽粪便耕地负荷量也呈先增加后减少趋势。

第四章

天津市畜禽养殖和污染现状研究

一、天津市畜禽粪便产生量计算

21 世纪以来，天津市畜禽饲养规模呈先增加后逐年减少的趋势。2000 年天津市畜禽饲养量为 4 811.70 万头（只），2005 年迅速增加至 9 833.79 万头（只），较 2000 年增加 104%；随后畜禽饲养量不断减少，2013 年减少至 8 065.29 万头（只），较 2005 年减少 18.0%（表 4-1）。其中，奶牛的饲养规模增长较快，2000 年天津市奶牛饲养量仅为 4.60 万头，仅占牛的饲养量的 21%，2005 年迅速增加到 17.61 万头，占牛的饲养量的 40%，随后奶牛的饲养规模基本保持稳定，2013 年奶牛饲养量为 15.50 万头，占牛的饲养量的 54.7%（表 4-2）。

天津市畜禽粪便产生量的变化趋势与饲养量变化趋势保持一致，呈现先增加后缓慢减少的特点。2000 年，天津市畜禽粪尿产生总量为 962.33 万吨，随着畜禽饲养量的增加，2005 奶牛畜禽粪尿产生量达到 1 612.62 万吨，较 2000 年增长 68%，之后逐年下降，2013 年为 1 059.67 万吨。天津市畜禽粪便主要为牛（特别是奶牛）粪便污染和猪粪便污染，2000 年牛粪便产生量和猪粪便产生量分别占同期粪便产生量的 68.1% 和 20.0%，2013 年牛粪便产生量和猪粪便产生量分别占同期粪便产生量的 63.4% 和 28.0%（表 4-3）。

表 4-1　21 世纪以来天津市畜禽饲养量　　　　　单位：万头（只）

品种	2000	2005	2010	2011	2012	2013
牛	21.45	44.40	28.80	29.36	29.14	28.32
奶牛	4.60	17.61	16.70	15.79	15.58	15.50
猪	235.8	481.45	358.20	352.70	374.21	363.46
羊	65.17	84.69	37.40	36.06	41.39	45.43
家禽	4 484.68	9 205.64	6 951.05	7 215.72	8 009.45	7 612.59
汇总	4 811.70	9 833.79	7 392.15	7 649.63	8 469.77	8 065.29

数据来源：国家统计局、天津市统计局

表 4-2　21 世纪以来天津市奶牛饲养量占牛饲养量比重

比例	2000	2005	2010	2011	2012	2013
牛	21.45	44.40	28.80	29.36	29.14	28.32
奶牛	4.60	17.61	16.70	15.79	15.58	15.50
占比	21.45%	39.66%	57.99%	53.78%	53.47%	54.73%

数据来源：笔者计算

表 4-3　21 世纪以来天津市畜禽粪便产生量　　　　　单位：万吨

种类	2000	2005	2010	2011	2012	2013
牛粪尿	655.31	1 052.58	682.75	696.03	690.81	671.38
其中奶牛粪尿	109.05	417.48	417.48	374.33	369.35	367.45
猪粪尿	192.41	392.86	292.29	287.80	305.36	296.58
羊粪尿	90.39	117.47	51.87	50.02	57.41	63.01
禽粪尿	24.22	49.71	37.54	38.96	43.25	41.10
总计	962.33	1 612.62	1 064.46	1 072.81	1 096.83	1 059.67

数据来源：笔者计算

二、天津市畜禽粪便养分产生量计算

21 世纪以来，天津市畜禽粪便养分产生量呈先增加后逐年减少趋势，

2010 年后逐年保持平稳。2000 年畜禽粪尿中 N 的产生量为 3 092.66 吨，2005 年增加到 6 257.51 吨，增加幅度为 102.3%；之后逐年平稳下降，2013 年畜禽粪便养分产生量为 5 089.44 吨，较 2005 年下降 18.7%。2000 年畜禽粪尿中 P 的产生量为 867.96 吨，2005 年增加到 1781.34 吨，增加幅度为 105.2%，之后逐年平稳下降，2013 年畜禽粪便养分产生量为 1 466.41 吨，较 2005 年下降 9.2%（表 4-4）。按保守流失率 30% 来看，2013 年天津市畜禽粪尿中养分 N、P 的流失量分别为 1526.83 吨和 439.92 吨。

表 4-4　21 世纪以来天津市畜禽粪便养分产生量　　　　　单位：吨

养分	2000	2005	2010	2011	2012	2013
N	3 092.66	6 257.51	4 664.04	4 821.83	5 335.97	5 089.44
P	867.96	1 781.34	1 342.96	1 391.67	1 541.67	1 466.41

数据来源：笔者计算

三、天津市畜禽粪便污染物产生量计算

21 世纪以来，北京市畜禽粪便污染物产生量呈先增加后逐年平稳下降的趋势。2000 年畜禽粪尿中污染物 BOD 的产生量为 15.59 万吨，2005 年增加到 31.84 万吨，增加幅度为 104.2%；之后逐年减少，2013 年天津市畜禽粪尿中 BOD 产生量为 22.90 万吨，较 2005 年减少 28.1%。2000 年畜禽粪尿中污染物 COD 产生量为 20.27 万吨，2005 年增加到 41.45 万吨，较 2000 年增加 104.5%，之后逐年减少，2013 年天津市畜禽粪尿中 COD 产生量为 29.33 万吨，较 2005 年减少 29.2%（表 4-5）。按保守流失率 30% 来算，2013 年天津市畜禽粪尿中污染物产生量 BOD、COD 分别为 6.87 万吨和 8.80 万吨。

表 4-5　21 世纪以来天津市畜禽粪便污染物产生量　　　　　单位：万吨

污染物	2000	2005	2010	2011	2012	2013
BOD	15.59	31.84	22.53	22.61	23.63	22.90
COD	20.27	41.45	29.07	29.14	30.23	29.33

数据来源：笔者计算

四、天津市畜禽粪便耕地负荷量计算

21世纪以来，天津市畜禽粪便耕地负荷量呈先增加后逐年减少趋势，与畜禽饲养量变化趋势保持一致。这主要是由于21世纪以来天津市耕地面积变化幅度不大，低于畜禽饲养量增加幅度。2000年天津市畜禽粪便耕地负荷量为18.79吨/公顷，2005年增加到38.42吨/公顷，增加幅度为104.5%，之后呈逐年平稳下降趋势，2013年天津市畜禽粪便耕地负荷量为26.10吨/公顷，较2005年减少32.1%。依据天津市畜禽粪便耕地负荷量警戒值测算结果，除去2005年由于畜禽饲养量飙升导致畜禽粪便耕地负荷量较大之外（警戒值为0.85，为Ⅲ级，对环境造成威胁），其他年份警戒值均处于 $0.4 \leq R < 0.7$ 之间，为Ⅱ级，对环境稍有威胁（表4-6）。

表4-6　21世纪以来天津市畜禽粪便耕地负荷量测算

单位：万吨、千公顷、吨/公顷

指标	2000	2005	2010	2011	2012	2013
猪当量	797.39	1 592.65	1 052.66	1 065.07	1 086.84	1 059.69
耕地	424.30	414.50	406.00	406.00	406.00	406.00
负荷	18.79	38.42	25.93	26.23	26.77	26.10
警报值	0.42	0.85	0.58	0.58	0.59	0.58

数据来源：天津市统计局

五、本章小结

天津市畜禽粪便污染主要为牛粪便（奶牛占比54.7%）和猪粪便污染，2013年牛粪便和猪粪便污染分别占比63.4%和28.0%。依据警戒值测算结果，2005年为Ⅲ级，对环境造成威胁，其他年份警戒值为Ⅱ级，对环境稍有威胁。天津市畜禽粪便产生量和畜禽饲养量变化趋势保持一致，呈逐年下降趋势，耕地负荷量则呈先下降后上升趋势，2000—2005年负荷量逐年下降主要是由于饲养量不断下降造成的，2005—2014年则主要是由于耕地面积锐减造成的。

第五章

上海市畜禽养殖和污染现状研究

一、上海市畜禽粪便产生量计算

21 世纪以来，上海市畜禽饲养量呈逐年下降趋势。2000 年，上海市畜禽饲养量为 17 753.36 万头（只），2014 年减少至 2 447.25 万头（只），下降幅度高达 86.2%。其中，家禽的饲养量下降幅度最大，由 2000 年的 17 213.07 万只，下降到 2014 年的 2 166.02 万只；牛的饲养量变化幅度不大，饲养量稳定在 5 万~7 万头（表 5-1）。上海市饲养牛主要以奶牛为主，21 世纪以来上海市奶牛饲养量占牛饲养量比重高达 90% 以上（表 5-2）。

表 5-1　21 世纪以来上海市畜禽饲养量变化　　　　单位：万头（只）

品种	2000	2005	2010	2011	2012	2013	2014
牛	6.05	5.5	6.83	6.98	6.98	5.91	6.45
奶牛	5.8	5.33	6.11	6.89	5.98	7.37	5.79
猪	473	280	265.98	267	257.24	241.84	243.13
羊	55.44	30.1	24.46	24.4	25.61	26.11	25.86
家禽	17 213.07	7 700	4 083.76	4 300	3 650.38	2 641.89	2 166.02
汇总	17 753.36	8 020.93	4 387.14	4 605.27	3 946.19	2 923.12	2 447.25

数据来源：国家统计局、上海市统计局

表 5-2　21 世纪以来上海市奶牛饲养量占牛饲养量比重　　　　单位：万头

比例	2000	2005	2010	2011	2012	2013	2014
牛	6.05	5.5	6.83	6.98	6.98	6.91	6.95
奶牛	5.8	5.33	6.11	6.89	6.90	6.37	6.79
占比	95.87%	96.91%	89.46%	98.71%	98.85%	92.19%	97.77%

数据来源：笔者计算

21 世纪以来，随着畜禽饲养量的不断下降，上海市畜禽粪尿产生量也呈逐年下降趋势。2000 年畜禽粪尿总量为 699.24 万吨，2005 年减少至 442.20 万吨，较 2000 年下降比例为 36.8%。2014 年畜禽粪尿产生量为 410.60 万吨，较 2005 年下降 7.1%。由于奶牛个头较大，粪尿排泄系数较大，奶牛粪尿产生量占畜禽粪尿总产生量比重呈逐年上升趋势，2000 奶牛粪尿占畜禽粪尿总产生量比重为 19.7%，2005 年这一比重上升为 28.6%，2014 年这一比重则达到 39.2%（表 5-3）。

表 5-3　21 世纪以来上海市畜禽粪尿产生量　　　　单位：万吨

种类	2000	2005	2010	2011	2012	2013	2014
牛粪尿	143.43	130.39	161.92	165.47	165.47	163.81	164.64
奶牛粪尿	137.50	126.36	144.85	163.34	163.58	151.01	160.97
猪粪尿	385.97	228.48	217.04	217.87	209.91	197.34	198.39
羊粪尿	76.90	41.75	33.93	33.84	35.52	36.21	35.87
禽粪尿	92.95	41.58	22.05	23.22	19.71	14.27	11.70
总计	699.24	442.20	434.94	440.41	430.61	411.64	410.60

数据来源：笔者计算

二、上海市畜禽粪便养分产生量计算

21 世纪以来，上海市畜禽粪尿养分产生量保持平稳。2000—2014 年上海市畜禽粪便养分 N 的产生量保持在 1 450 万吨左右。P 的产生量保持在 240 吨左右。按保守流失率 30% 计算，21 世纪以来，上海市每年畜禽粪便养分 N、P 流失量分别为 435 吨和 72 吨（表 5-4）。

表 5-4　21 世纪以来上海市畜禽粪便养分产生量

	2000	2005	2010	2011	2012	2013	2014
N	1 454.62	1 456.92	1 463.43	1 464.91	1 465.63	1 465.90	1 466.94
P	237.89	238.39	239.13	239.40	239.52	239.54	239.73

数据来源：笔者计算

三、上海市畜禽粪便污染物产生量计算

21 世纪以来，上海市畜禽粪便污染物产生量呈逐年下降趋势。2000 年，畜禽粪便污染物 BOD 产生量为 25.00 万吨。随着畜禽饲养量的下降，2005 年畜禽粪便污染物 BOD 产生量骤减到 14.16 万吨，下降幅度为 43.4%。之后逐年平稳下降，2014 年畜禽粪便污染物 BOD 产生量下降到 10.81 万吨，较 2005 年下降 23.7%。2000 年畜禽粪便污染物 COD 产生量为 28.01 万吨，随着畜禽饲养量的下降，2005 年畜禽粪便污染物 COD 产生量下降到 16.58 万吨，下降幅度为 40.8%，之后逐年平稳下降，2014 年上海市畜禽粪便污染物 COD 产生量为 13.90 万吨，较 2005 年下降 16.2%（图 5-1）。由于奶牛粪便污染物的排泄系数较大，21 世纪以来奶牛粪便污染物产生量占畜禽粪便污染物产生量

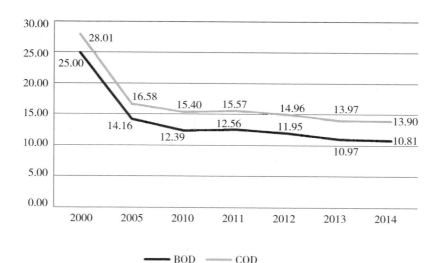

图 5-1　21 世纪以来上海市畜禽粪便污染物产生量（单位：万吨）

比重呈逐年上升趋势。2000年，奶牛粪便污染物BOD产生量占畜禽粪便污染物BOD产生量比重为6.1%，2005年这一比重上升至9.9%，2014年这一比重高达16.6%。2000年，奶牛粪便污染物COD产生量占畜禽粪便污染物COD产生量比重为8.3%，2005年这一比重上升为12.9%，2014年这一比重高达19.6%（表5-5）。

表5-5　21世纪以来上海市奶牛粪便污染物产生量占畜禽粪便污染物产生量比重

比例	2000	2005	2010	2011	2012	2013	2014
奶牛BOD占比	6.1%	9.9%	13.0%	14.5%	15.2%	15.3%	16.6%
奶牛COD占比	8.3%	12.9%	15.9%	17.8%	18.5%	18.3%	19.6%

数据来源：笔者计算

四、上海市畜禽粪便耕地负荷量计算

21世纪以来，上海市畜禽粪便耕地负荷量呈先减少后逐年增加趋势。这主要是由于2000—2005年上海市畜禽饲养量减少幅度大于耕地面积减少幅度，而2005—2014年上海市畜禽饲养量减少幅度小于耕地面积减少幅度造成的。2000年，上海市畜禽粪便耕地负荷量为23.93吨/公顷，2005年减少至17.79吨/公顷，下降比例为25.7%，2011年上海市畜禽粪便耕地负荷量为20.12吨/公顷，较2005年增加13.1%（表5-6）。依据上海市畜禽粪便耕地负荷量警戒值测算结果，警戒值均处于$0.4 < R < 0.7$之间，为Ⅱ级，对环境稍有威胁。

表5-6　21世纪以来上海市畜禽粪便耕地负荷量变化

指标	2000	2005	2010	2011	2012	2013	2014
猪当量	684.23	422.13	400.31	407.07	395.24	373.50	369.48
耕地	285.90	237.30	202.30	202.30	202.30	202.30	202.30
负荷	23.93	17.79	19.79	20.12	19.54	18.46	18.26
警报值	0.53	0.40	0.44	0.45	0.43	0.41	0.41

数据来源：笔者计算

五、本章小结

21 世纪以来，随着畜禽饲养量的不断下降，上海市畜禽粪尿产生量也呈逐年下降趋势。这是由于 2000—2005 年上海市畜禽饲养量减少幅度大于耕地面积减少幅度，而 2005—2014 年上海市畜禽饲养量减少幅度小于耕地面积减少幅度造成的。上海市畜禽粪便耕地负荷量呈先减少后逐年增加趋势。依据上海市畜禽粪便耕地负荷量警戒值测算结果，警戒值均处于 0.4 $<R<$ 0.7 之间，为 II 级，对环境稍有威胁。

总体来看，21 世纪以来，京津沪奶牛优势区畜禽饲养总量呈不断下降趋势，其中奶牛饲养量呈先增加后下降趋势。由于奶牛个体较大，粪便排泄系数较大，对畜禽粪便总量影响较大。21 世纪以来，京津沪奶牛优势区畜禽粪便产生量与奶牛养殖规模呈相同的变化趋势。奶牛粪便中养分产生量较少，对畜禽粪便中养分产生量影响不大，但由于奶牛粪便中污染物排泄系数较大，对畜禽粪便污染物排放总量影响较大，因此奶牛是"排污大户"。从污染方面来看，京津沪奶牛优势区畜禽粪便耕地负荷量呈先增加后减少趋势，2013 年畜禽粪便耕地负荷量为 27.86 吨 / 公顷，逼近 30 吨 / 公顷的限值，远高于 4.19 吨 / 公顷的全国平均值。依据畜禽粪便耕地负荷量警戒值测算结果，2005 年警戒值为 III 级，对环境造成威胁，其他年份警戒值为 II 级，对环境稍有威胁。

第六章

影响京津沪奶牛优势区畜禽粪污处理模式的因素分析

一、调研样本和变量选取

（一）调研样本

京津沪奶牛优势区作为我国奶牛养殖四大优势区域中唯一的大城市郊区代表，具有典型的规模化程度高、耕地资源极度缺乏、养殖成本高等特征。本文基于 2014 年 6—8 月对北京、上海、天津三市共计 66 家不同规模的规模化奶牛养殖场粪污处理情况的抽样问卷调查数据，对京津沪奶牛优势区的奶牛养殖场的总体情况、粪污处理模式，遇到的问题以及养殖场法人对粪污处理的政策建议等四个方面进行总体把握，并以该数据为基础对京津沪奶牛优势区奶牛养殖场粪污处理模式选择的影响因素进行了建模分析。

（二）调研数据分析

养殖场总体情况。此次调研的 66 家奶牛养殖场共存栏奶牛 57 185 头，其中北京市 25 家奶牛养殖场，上海市 20 家奶牛养殖场，天津市共 21 家奶牛养殖场，养殖规模涵盖了 100~499 头、500~999 头和 1 000 头及以上三个组别。

其中，100~499 头的养殖场有 29 家，500~999 头的养殖场有 18 家，1 000 头以上的养殖场有 19 家。养殖场法人文化水平共有初中及以下、高中或中专和大专及以上三个组别。其中，66 家奶牛养殖场法人文化水平主要集中在高中或中专以及大专及以上两个组别，其中法人文化水平在初中及以下的养殖场有 8 家，高中或中专的养殖场有 31 家，大专及以上的养殖场有 27 家。在提到养殖场粪污处理方面的困难，受访养殖场主表示，目前遇到的问题主要集中在资金、土地和技术三个方面，有 48 家的养殖场存在资金困难，8 家存在技术问题，10 家存在土地稀缺问题。其中存在一种困难的仅占 82.9%，另有 17.1% 存在两种困难的养殖场（表 6-1）。

表 6-1　奶牛养殖场总体情况　　　　　　　　　　　　单位：个

养殖区域		养殖规模		法人文化水平		遇到的困难	
区域	个数	规模大小	个数	文化水平	个数	困难类型	个数
北京市	25	100~499 头	29	初中及以下	8	资金	48
上海市	20	500~999 头	18	高中或中专	31	技术	8
天津市	21	1 000 头及以上	19	大专及以上	27	土地	10
合计	66	合计	66	合计	66	合计	66

数据来源：作者根据调研整理

养殖场粪污处理经营情况。调研样本中，拥有饲料地的奶牛养殖场数量占样本总数的 68.2%；政府补贴方面，仅有 30% 的养殖场得到国家粪污处理专项补贴。堆粪场设置方面，调研样本中有堆粪场的牛场有 59 家，占样本总数的 89.4%，但堆粪场面积过小，其中堆粪场面积占养殖场总面积比重低于 10% 的奶牛养殖场占到总样本数的 69.7%，甚至有 57.6% 的奶牛养殖场该比例低于 5%。在粪污处理投资方面，调研样本中，大多数牛场均设有粪污处理方面的相关投资，针对粪污处理进行了投资的养殖场占 90.9%，但牛场的粪污处理投资额主要集中在 100 万元以下，大于 100 万元的仅占 15.5%（表 6-2）。

表 6-2　堆粪场及粪污处理总投资情况　　　　单位：%

堆粪场占养殖场总面积比重		粪污处理投资额	
面积比重	比例	投资数额	比例
≤ 5	57.60	≤ 50 万元	45.20
>5 且 <10	12.10	>50 万元 ≤ 100 万元	39.00
≥ 10	30	>100 万元	15.50
合计	99.7	合计	100

数据来源：作者根据调研整理

养殖场粪污处理模式。目前，北京市奶牛养殖场粪污处理模式可主要归纳为两类：还田模式和工业化处理模式。优势区域的奶牛养殖场中，有 31.8% 采用单一还田模式，即通过直接或堆肥发酵后还田方式，利用自有或租用饲料地进行消纳，或直接排入周围农田。有 66.7% 开始采用生产有机肥、沼气或干湿分离生产再生垫料的工业化处理模式，这是目前京津沪奶牛优势区奶牛养殖场（小区）采用的主要粪污处理方法。其中，生产有机肥的奶牛养殖场有17 家，占比 25.8%，采用沼气的有 12 家，占比 18.2%，采用干湿分离的有16 家，占比 24.2%（表 6-3）。

表 6-3　采用不同模式的养牛场数量　　　　单位：个，%

指标	还田模式	工业化处理模式		
	堆肥发酵后还田	生产有机肥	沼气	干湿
数　量	21	17	11	16
比　例	31.8	25.8	18.2	24.2

数据来源：作者根据调研整理

二、模型估计结果

（一）变量选取及模型结果

基于相关文献研究和实地调研结果，本文将可能影响京津沪奶牛优势区粪污处理的因素划分为 9 个变量，共包括不同地区、养殖规模、牛场法人水平、固定资产投资、粪污处理设备是否齐全、堆粪场面积占场区比重、场区内自有或租用饲料地面积、粪污处理所遇困难，以及是否得到粪污处理补贴（表

6-4)。

表6-4　各变量符号、名称、取值说明及单位

变量符号	变量名称	取值说明及单位
Y	粪污处理模式	1= 还田模式，0= 工业化处理模式
X1	养殖规模	头
X2	不同地区	1= 北京；2= 上海；3= 天津
X3	牛场法人文化水平	1= 初中及以下，2= 高中或中专，3= 大专及以上
X4	固定资产投资	万元
X5	设备是否齐全	1= 雨污分离设施、排污沟及防渗处理均齐全，0= 至少有一种设备不齐全
X6	堆粪场面积占场区比重	%
X7	自有或租用饲料地面积	亩
X8	粪污处理所遇困难	1= 没有困难 0= 遇到资金、技术或土地困难
X9	是否得到粪污处理补贴	1= 否，0= 是

选取 66 个奶牛养殖场目前采用的粪污处理模式作为因变量 Y，Y=1 表示还田处理模式，Y=0 表示工业化处理模式。

解释变量中 X1 是 66 家奶牛养殖场的养殖规模，考虑到奶牛的规模化养殖程度是影响奶牛养殖场是否选择工业化处理模式的重要因素。例如，本研究调研结果显示养殖规模在 100~499 头之间的小规模奶牛养殖场工业化粪污处理模式占比 58.7%；养殖规模在 500~999 头之间的中规模奶牛养殖场采用工业化粪污处理模式占比 72.2%；养殖规模在 1 000 头以上的大规模奶牛养殖场采用工业化粪污处理模式占比 78.9%。上述结果表明，养殖规模越大的奶牛养殖场越容易采用工业化粪污处理模式。

X2 是包括北京市、上海市、天津市三个市的虚变量，考虑到养殖地域的差异可能会影响养殖场是否选择工业化的粪污处理模式。例如，本研究调研结果显示，北京地区的奶牛养殖场共 25 家，其中采用工业化粪污处理模式的养殖场有 10 家，占比 40.0%；天津地区的奶牛养殖场共 21 家，其中采用工业化粪污处理模式的有 15 家，占比 71.4%；上海地区的奶牛养殖场共 20 家，其中采用工业化粪污处理模式的有 18 家，占比 90.0%。上述结果表明，天津

市和上海市的奶牛养殖场较北京市奶牛养殖场更愿意采用工业化的粪污处理模式。

X3 是牛场法人文化水平的虚变量，包括初中及以下、高中或中专和大专及以上三个变量。法人文化水平越高，奶牛养殖场越有可能采用工业化处理模式。例如，养殖场法人水平是初中及以下的有 8 家奶牛养殖场，其中 2 家奶牛养殖场采用工业化粪污处理模式，占比 25.0%；法人文化水平是高中或大专的奶牛养殖场有 31 家，其中有 16 家采用工业化粪污处理模式，占比 51.6%；法人文化水平在大专以上的奶牛养殖场有 27 家，其中 25 家采用工业化粪污处理模式，占比 92.6%。

将养殖场分为雨污分离设施、排污沟及防渗处理均齐全的一组和至少有一种设备不齐全的两组。雨污分离设施、排污沟及防渗处理均齐全的奶牛养殖场为 34 家，其中有 24 家采用了工业化的粪污处理模式，占比 70.6%；至少有一种设备不齐全的有 32 家，占比 65.6%。上述结果表明，养殖场雨污分离设施、排污沟及防渗处理是否齐全并不与养殖场采用工业化粪污处理模式可能存在正相关关系。X6、X7 分别代表堆粪场面积占场区面积比重以及养殖场自有或租用饲料地的面积，以养殖场自有或租用饲料地的面积为例，21 家奶牛养殖场没有饲料地，其采用工业化处理模式的比例为 49.0%；45 家奶牛养殖场拥有饲料地，24 家采用工业化处理模式，占比 53.3%。这表明，养殖场土地面积（包括堆粪场面积和饲料地面积）和选择工业化粪污处理模式可能存在正相关关系。

是否有粪污补贴可能会影响养殖场是否采用工业化粪污处理模式。66 家奶牛养殖场中，19 家得到政府粪污处理方面的相关补贴，13 家采用工业化的粪污处理模式，占比 68.4%；47 家没有得到政府粪污处理方面的相关补贴，23 家奶牛养殖场采用工业化粪污处理模式，占比 48.9%。

基于京津沪奶牛养殖优势区的 66 家奶牛养殖场调研数据，采用了二元 Logit 模型对奶牛养殖场是否采用工业化处理模式进行分析。选取 66 个奶牛养殖场目前采用的粪污处理模式作为因变量 Y，$Y=1$ 表示还田处理模式，$Y=0$ 表示工业化处理模式。影响养殖场选择粪污处理模式的因素包括养殖规模、养殖区域、养殖场法人素质、固定资产投资等 9 个因素，分别表示为 $X_1 \sim X_9$。假设函数形式为线性，那么模型可以表达为：

$$\ln\left[\frac{p(y)}{1-p(y)}\right] = \beta_0 + \beta_2 X_2 + \beta_3 X_3 + \cdots + \beta_m X_m = \beta_0 + \sum_{i=1}^{m} \beta_i X_i$$

由此推出的 Logit 模型的表达形式为：

$$P(y) = \frac{\exp\left(\beta_0 + \sum_{i=1}^{m} \beta_i X_i\right)}{1 + \exp\left(\beta_0 \sum_{i=1}^{m} \beta_i X_i\right)}$$

利用 STATA12.0 分析软件，将各变量代入二元 Logit 模型进行分析，得到各参数估计值见表 6-5。其中，X_{2-2}、X_{2-3} 分别表示以"北京市"为参照，"上海市"和"天津市"对粪污处理模式选择的影响情况。X_{3-2}、X_{3-3} 分别表示以"初中及以下学历"为参照组，"高中或中专""大专及以上学历"对粪污处理模式选择的影响情况；X_{5-1} 表示以"至少有一种设备不齐全"为参照，"雨污分离设施、排污沟及防渗处理均齐全"对粪污处理模式选择的影响情况；X_{8-1} 和 X_{8-2} 分别表示以"没有困难"项为参照，"遇到资金、技术或土地困难"和"遇到两方面困难"对粪污处理模式选择的影响情况；X_{9-1} 表示以"没有得到粪污补贴"为对照组，"得到粪污补贴"对粪污处理模式选择的影响情况。

表 6-5　Logit 模型运行结果

解释变量	系数估计值	标准差	Z 统计值	显著性 P
Y				
X_{2-2}	1.228986	0.174961	7.02	0.000***
X_{2-3}	2.484291	0.188839	13.16	0.000***
X_{3-2}	2.02E+00	0.222655	9.08	0.000***
X_{3-3}	0.9696936	0.207199	4.68	0.000***
X_4	−0.0000351	2.19E−05	−1.61	0.108
X_{5-1}	0.1351151	0.152593	0.89	0.376
X_6	1.064479	0.620738	1.71	0.086*

解释变量	系数估计值	标准差	Z统计值	显著性P
X_7	0.0002106	0.000072	2.94	0.003***
X_{8-2}	−0.3227848	0.275828	−1.17	0.242
X_{9-1}	1.422257	0.16059	8.86	0.000***
截距	−2.061886	0.253186	−8.14	0.000

注：*、** 和 *** 分别表示计量值通过了 0.1、0.5 和 0.01 的显著性检验

根据模型结果，可以得到以下 5 个方面的信息。

第一，相比北京地区，上海和天津地区的规模化奶牛养殖场更倾向于选择工业化处理模式。这也从侧面佐证了北京市的畜禽粪便耕地污染警戒值高于上海市和天津市。其原因可能是不同区域的气候、政策等多方面因素决定的。

第二，牛场法人文化水平对工业化处理模式的选择具有显著的正影响。可能的原因是，一方面文化水平越高的牛场法人环保意识越强，其对牛场粪污造成的土壤、地下水、空气污染等严重性有更为理智的认识，因此更倾向于选择节能减排的工业化处理模式。另一方面，文化水平越高的牛场法人更易接受新的绿色畜牧业 GDP 的概念，也能从更长远的角度看待牛场粪污处理，不是简单的将粪污堆肥后还田，而是采用生产有机肥、牛粪喂养蚯蚓、生产有机蘑菇等处理方式，利用牛粪创造新的商业价值。

第三，堆粪场面积的大小对工业化处理模式选择具有显著的正影响。这表明，与还田模式相比，随着堆粪场面积的增加，养殖场更倾向于选择含有工业化处理技术的粪污处理模式。原因主要是，一方面奶牛的日排泄量非常大，当养殖场有足够大的堆粪场容纳奶牛粪便时，其往往有精力去考虑奶牛粪便的深加工处理。另一方面主要是随着土地的租金越来越贵，堆粪场面积越大的奶牛养殖场往往资金比较雄厚，有实力投资耗资大、周期长的粪污处理设备设施。

第四，自有或租用饲料地面积大小对工业化处理模式选择具有显著的正影响。这表明，与还田模式相比，随着自有或租用饲料地面积的增加，养殖场更倾向于选择含有工业化处理技术的粪污处理模式。原因主要是当养殖场拥有自己的饲料地时，其会从长远角度考虑奶牛粪便对农田的影响，往往通过投资沼

气设备、有机肥处理设备等，生产高质的有机肥进入饲料地实现循环利用，如果养殖场没有自己的饲料地，往往通过与农户合作的方式，将粪便简单堆肥后即排入农民耕地中，出于理性经济人的考虑，养殖场往往不会考虑将粪便深加工后施入农田。

第五，政府补贴对养殖场选择工业化粪污处理模式具有正向促进作用。模型中 X_{9-1} 的系数符号为正且通过了置信度 0.001 的检验，说明得到政府补贴的养殖场更愿意选择工业化的粪污处理模式。可能的原因是，一方面养殖场主在畜禽养殖产业链中处于高风险低收益的弱势地位，资金短缺是制约其养殖业发展的重要瓶颈，我国现行养殖场资金补贴政策重点扶持工业化处理模式，因此政府的资金补贴激励是影响养殖场选择工业化处理模式的重要因素。另一方面作为理性经济人的养殖场主不会投资具有正外部效应的粪污处理，需要政府以行政手段介入。从北京、上海、天津三市政府对奶牛养殖的扶持政策来看，政府的粪污处理补贴刺激养殖场配备更为先进的干湿分离器、雨污分离设施等的积极性，减少了补贴资金挪作他用的风险，推动形成养殖场选择工业化粪污处理模式。

（二）研究结果

通过上述分析可以得出以下关于影响京津沪奶牛优势区奶牛养殖场粪污处理模式选择的结论：

首先，养殖场是否选择工业化粪污处理模式受养殖区域、法人文化水平、养殖场实际运营情况和是否有补贴的综合影响。北京市、上海市、天津市同属于奶牛养殖大城市郊区的代表，具有土地资源匮乏、养殖规模化程度高的特点，但相较于北京市，上海市和天津市在选择工业化处理模式上意愿更强。土地资源的丰富程度决定了养殖场是否选择工业化的粪污处理模式，深究其背后的原因，我们发现，随着土地租金的日益上涨，土地资源的丰富程度往往是养殖场资金实力的体现。资金充足的养殖场有能力购买价值较高的干湿分离、沼气罐等粪污处理设备，从而为养殖场采用工业化处理模式提供了硬件保障。同时，养殖场的流动资金越充裕，其越有能力对旧的粪污处理设施进行更新换代，甚至购买处理效果较好的国外高级设备。法人素质等主观因素影响养殖场是否选择工业化处理模式，养殖场法人素质越高，环保意识越高，接受新事物的能力越强，更认同当前畜禽养殖业绿色 GDP 的概念，更愿意尝试节能减排的粪污处理模式。

其次，养殖场土地资源的丰富程度决定了选择的粪污处理模式的不同。根据模型分析结果，土地资源丰富（包括较大面积的堆粪场、自有或租用饲料地面积较大）的养殖场更倾向于选择工业化的粪污处理模式。由于奶牛日排泄系数较大，每天产生大量的奶牛粪污，养殖场土地资源的丰富程度直接决定了粪污处理压力的大小，进而影响养殖场主选择粪污处理模式。土地资源丰富的养殖场一方面有足够的空间暂时储存粪污，为后续选择沼气处理、有机肥生产、干湿分离处理等工业化处理模式提供缓冲；另一方面，土地资源的丰富程度也在一定程度上体现出养殖的资金实力，资金实力雄厚的养殖场往往有实力添置粪污处理设施设备，以保持养殖场在符合环保要求的条件下正常运营。土地资源匮乏的养殖场在选择粪污处理模式问题上，它们更愿意租赁土地或与周围农户合作，采用堆肥还田的方式，以降低粪污处理成本。因此，政府应给予养殖场配套耕地相应政策扶持，或提高畜禽养殖业准入门槛，只有配套耕地完善的养殖场才能合法经营。

最后，政府的补贴措施对养殖场选择工业化处理模式具有正促进作用。模型结果表明，得到政府补贴的养殖场更愿意选择工业化的粪污处理模式，这主要是由于资金短缺是养殖业面临的主要瓶颈，直接的资金激励在很大程度上左右法人决策。值得注意的是，虽然政府补贴在短期内可以促进养殖场采用工业化处理模式的积极性，但从长远角度来看，单纯的资金激励属于"一揽子买卖"，养殖场往往在政府的补贴资金到位后，转而继续使用成本低廉的还田处理模式。京津沪奶牛优势区奶牛养殖场目前的粪污处理补贴项目主要集中在沼气、污水处理方面，分别占到 26.3% 和 57.9%，且补贴形式多为直接补贴。这种补贴形式虽然一定程度上了扩大了养殖场采用沼气、干湿分离模式的比例，但调研发现，许多属于被动建设，并非养殖场主基于理性分析，因地制宜采取的粪污处理模式。这种方式短期内会达到较好的粪污处理效果，但从长期来看，养殖场并没有真正将粪污处理设施利用起来，仍将陷入资金不足、设备停用的窘境。

三、本章小结

本章主要基于京津沪奶牛优势区 66 家规模化奶牛养殖场的调研数据，利用二元 Logit 模型对影响北京市奶牛养殖场粪污处理模式选择及因素进行计量分析。结果表明，养殖区域、牛场法人文化程度、养殖场土地资源的丰富程度和是否得到补贴等政策因素影响养殖场是否选择工业化的粪污处理模式。具体来讲，依据模型结果，虽同属于大城市郊区的奶牛养殖优势区，上海市和天津市较北京市更倾向于选择工业化的粪污处理模式。养殖场法人的文化程度越高，越倾向于选择工业化的粪污处理模式。奶牛养殖场的土地资源越丰富（包括较大面积的堆粪场、自有或租用饲料地面积较大），越倾向于选择工业化的粪污处理模式。得到粪污处理政府补贴的养殖场较没有得到补贴的养殖场更倾向于选择工业化的粪污处理模式。

第七章

促进养殖业合理发展的对策建议

一、研究结论

通过计算京津沪奶牛优势区总体以及北京市、天津市、上海市三市的畜禽粪便产生量、粪便养分产生量、污染物产生量和畜禽粪便耕地负荷量，我们发现奶牛在各类畜禽种类中是名副其实的"排污大户"。其中，2013年奶牛粪便产生量在各类畜禽粪便产生总量中占比36.2%。从负荷量角度来看，21世纪以来，京津沪奶牛优势区畜禽粪便耕地负荷量呈先增加后减少趋势，依据畜禽粪便耕地负荷量警戒值测算结果，2005年警戒值为Ⅲ级，对环境造成威胁，其他年份警戒值为Ⅱ级，对环境稍有威胁。基于京津沪奶牛优势区66家规模化奶牛养殖场的调研数据，利用二元Logit模型得出的结果表明，养殖区域、牛场法人文化程度、养殖场土地资源的丰富程度和是否得到补贴等政策因素影响养殖场是否选择工业化的粪污处理模式。具体而言，养殖场法人程度越高，土地资源越丰富、得到政府补贴的养殖场更倾向于选择工业化粪污处理模式。

二、对策建议

优化补贴机制，适当增加激励性补贴。依据 Logit 模型结果，政府的粪污处理补贴政策对养殖场选择工业化的粪污处理模式具有显著的正作用。但现行的补贴方式主要以现金补贴为主，存在养殖场主为套现而修建大量废弃的沼气池的现象。应对目前的粪污处理补贴机制进行优化，除提供直接资金补贴外，适当增加激励性补贴比例，真正将补贴和效益结合起来，既帮助养殖场实现粪污无害化处理，又能实现经济效益。如改变现有的依据养殖场是否采用固液分离设备、干湿分离器等硬件设施给予资金补贴的方式，转而采取达到对应节能减排目标的激励性补贴机制，鼓励养殖场依据自身养殖规模、周边环境、资金实力等综合因素选择适合自身的粪污处理模式。同时，政府可牵头组成"帮帮团"专家小组，定期进行实地指导，依据养殖场的实际情况予以技术指导和粪污处理模式选择建议，将直接资金补贴的一部分转移到技术指导和有机肥等产品的售后渠道拓宽方面，同时满足养殖场粪污无害化处理和实现经济效益的双重需求。

加强环境可持续发展的宣传工作，强化法人环保意识。依据排泄系数法计算的京津沪奶牛养殖优势区耕地负荷量警戒值来看，京津沪奶牛优势区畜禽粪便对环境造成了污染。奶牛作为畜禽养殖中的"排污大户"，其个体排泄系数高，排污量大，应重点关注奶牛粪便的无害化处理。根据 Logit 模型结果显示，法人素质的高低直接影响到养殖场是否选择工业化粪污处理模式，因此应进一步加强引导，提高法人的环保意识和责任意识，鼓励养殖场主采取绿色 GDP 的思维，将粪污无害化处理和经济效益目标相结合。具体来讲，可通过采取定期举办环保培训班、环保主题秀等活动，强化养殖场法人的环保意识。同时结合畜禽养殖规范流程、粪污无害化处理介绍等业务培训内容，使养殖场法人了解哪些养殖环节易产生粪污、如何在奶牛饲养过程中减少废弃物排放等基本知识，进一步督促法人采取无害化的粪污处理模式。

依据耕地合理确定养殖规模，促进粪污工业化处理。根据模型分析结果，土地资源丰富（包括较大面积的堆粪场、自有或租用饲料地面积较大）的养殖场更倾向于选择工业化的粪污处理模式。政府应大力推广畜牧业与种植业、林果业有机结合的农牧循环生态养殖模式，指导养殖场（户）根据当地资源条件、生态环境、周边农作物种植结构和土地对粪污的消纳能力，合理确定养殖规模。同时，严格新建奶牛养殖场审批程序，配套耕地不合格的奶牛养殖场不予审批。

出台相关政策，适度增加对畜牧业的资金支持。现金流短缺是目前我国畜禽养殖业面临的重要瓶颈，政府在提供资金补贴的同时，应尽快出台相关金融政策，或通过引进担保公司的方式，搭建金融—政府—养殖场主—担保公司四方融资平台，拓宽养殖业的融资渠道。同时，出台政策鼓励养殖业建立专业合作组织，通过"专合组织加基地带农户"的模式，由专合组织集体贷款。政府也可以通过注资当地农商银行的方式，建立畜牧业担保贷款基金，以放大10倍甚至更高的比例适度向本区域内规模养殖场放贷，帮助解决中小型规模养殖场融资难的问题，从而促进养殖场粪污处理模式的优化选择。

三、本章小结

本章主要从京津沪奶牛优势区畜禽粪便污染较严重的角度出发，指出奶牛是畜禽中的"排污大户"，其粪污处理应得到重视。依据 Logit 模型的分析结果，政府的粪污处理补贴政策、法人主观意愿、相关配套耕地等因素影响京津沪奶牛优势区是否选择工业化的粪污处理模式，本章从模型结果出发，提出优化补贴机制、提高法人环保意识、增加配套耕地、增加资金支持等相关政策建议。

畜禽污染防治政策列表

一、畜禽规模养殖污染防治条例

2013 年 10 月 8 日国务院第 26 次常务会议通过《畜禽规模养殖污染防治条例》，自 2014 年 1 月 1 日起施行。该条例规定畜牧业发展规划应当统筹考虑环境承载能力以及畜禽养殖污染防治要求，合理布局，科学确定畜禽养殖的品种、规模、总量。

（一）从预防的角度防止造成环境污染

《条例》规定了禁止建设畜禽养殖场、养殖小区的区域。包括：

（1）饮用水水源保护区，风景名胜区；

（2）自然保护区的核心区和缓冲区；

（3）城镇居民区、文化教育科学研究区等人口集中区域；

（4）法律、法规规定的其他禁止养殖区域。

规定畜牧业发展规划应当统筹考虑环境承载能力以及畜禽养殖污染防治要求，合理布局，科学确定畜禽养殖的品种、规模、总量。畜禽养殖污染防治规划应当与畜牧业发展规划相衔接，统筹考虑畜禽养殖生产布局，明确畜禽养殖污染防治目标、任务、重点区域，明确污染治理重点设施建设，以及废弃物综合利用等污染防治措施。新建、改建、扩建畜禽养殖场、养殖小区，应当符合畜牧业发展规划、畜禽养殖污染防治规划，满足动物防疫条件，并进行环境影响评价。对环境可能造成重大影响的大型畜禽养殖场、养殖小区，应当编制环境影响报告书；其他畜禽养殖场、养殖小区应当填报环境影响登记表。大型畜禽养殖场、养殖小区的管理目录，由国务院环境保护主管部门商国务院农牧主管部门确定。

环境影响评价的重点应当包括：畜禽养殖产生的废弃物种类和数量，废弃物综合利用和无害化处理方案和措施，废弃物的消纳和处理情况以及向环境直接排放的情况，最终可能对水体、土壤等环境和人体健康产生的影响以及控制和减少影响的方案和措施等。

畜禽养殖场、养殖小区应当根据养殖规模和污染防治需要，建设相应的畜禽粪便、污水与雨水分流设施，畜禽粪便、污水的贮存设施，粪污厌氧消化和堆沤、有机肥加工、制取沼气、沼渣沼液分离和输送、污水处理、畜禽尸体处理等综合利用和无害化处理设施。未建设污染防治配套设施、自行建设的配套设施不合格，或者未委托他人对畜禽养殖废弃物进行综合利用和无害化处理的，畜禽养殖场、养殖小区不得投入生产或者使用。

（二）鼓励对畜禽粪污进行综合利用与治理

国家鼓励和支持采取粪肥还田、制取沼气、制造有机肥等方法，对畜禽养殖废弃物进行综合利用。国家鼓励和支持采取种植和养殖相结合的方式消纳利用畜禽养殖废弃物，促进畜禽粪便、污水等废弃物就地就近利用。国家鼓励和支持沼气制取、有机肥生产等废弃物综合利用以及沼渣沼液输送和施用、沼气发电等相关配套设施建设。

将畜禽粪便、污水、沼渣、沼液等用作肥料的，应当与土地的消纳能力相适应，并采取有效措施，消除可能引起传染病的微生物，防止污染环境和传播疫病。

从事畜禽养殖活动和畜禽养殖废弃物处理活动，应当及时对畜禽粪便、畜禽尸体、污水等进行收集、贮存、清运，防止恶臭和畜禽养殖废弃物渗出、泄漏。

向环境排放经过处理的畜禽养殖废弃物，应当符合国家和地方规定的污染物排放标准和总量控制指标。畜禽养殖废弃物未经处理，不得直接向环境排放。

染疫畜禽以及染疫畜禽排泄物、染疫畜禽产品、病死或者死因不明的畜禽尸体等病害畜禽养殖废弃物，应当按照有关法律、法规和国务院农牧主管部门的规定，进行深埋、化制、焚烧等无害化处理，不得随意处置。

（三）制定激励措施鼓励集约饲养

县级以上人民政府应当采取示范奖励等措施，扶持规模化、标准化畜禽养殖，支持畜禽养殖场、养殖小区进行标准化改造和污染防治设施建设与改造，鼓励分散饲养向集约饲养方式转变。

国家鼓励利用废弃地和荒山、荒沟、荒丘、荒滩等未利用地开展规模化、标准化畜禽养殖。

建设和改造畜禽养殖污染防治设施，可以按照国家规定申请包括污染治理贷款贴息补助在内的环境保护等相关资金支持。

进行畜禽养殖污染防治，从事利用畜禽养殖废弃物进行有机肥产品生产经营等畜禽养殖废弃物综合利用活动的，享受国家规定的相关税收优惠政策。

利用畜禽养殖废弃物生产有机肥产品的，享受国家关于化肥运力安排等支持政策；购买使用有机肥产品的，享受不低于国家关于化肥的使用补贴等优惠政策。

畜禽养殖场、养殖小区的畜禽养殖污染防治设施运行用电执行农业用电价格。

国家鼓励和支持利用畜禽养殖废弃物进行沼气发电，自发自用、多余电量接入电网。电网企业应当依照法律和国家有关规定为沼气发电提供无歧视的电网接入服务，并全额收购其电网覆盖范围内符合并网技术标准的多余电量。

利用畜禽养殖废弃物进行沼气发电的，依法享受国家规定的上网电价优惠政策。利用畜禽养殖废弃物制取沼气或进而制取天然气的，依法享受新能源优惠政策。

国家鼓励和支持对染疫畜禽、病死或者死因不明畜禽尸体进行集中无害化处理，并按照国家有关规定对处理费用、养殖损失给予适当补助。

畜禽养殖场、养殖小区排放污染物符合国家和地方规定的污染物排放标准和总量控制指标，自愿与环境保护主管部门签订进一步削减污染物排放量协议的，由县级人民政府按照国家有关规定给予奖励，并优先列入县级以上人民政府安排的环境保护和畜禽养殖发展相关财政资金扶持范围。

畜禽养殖户自愿建设综合利用和无害化处理设施、采取措施减少污染物排放的，可以依照本条例规定享受相关激励和扶持政策。

二、农业部关于加快推进畜禽标准化规模养殖的意见

畜禽标准化规模养殖是现代畜牧业发展的必由之路。为进一步发挥标准化规模养殖在规范畜牧业生产、保障畜产品有效供给、提升畜产品质量安全水平中的重要作用，推进畜牧业生产方式尽快由粗放型向集约型转变，农业部在2010年3月颁布《关于加快推进畜禽标准化规模养殖的意见》。

（一）加强标准化规模养殖的规划布局

畜禽标准化规模养殖是一项长期的系统工程，必须认真谋划、扎实推进。要把畜禽标准化规模养殖建设规划，列入畜牧业发展"十二五"规划统筹考虑，同时兼顾与全国生猪、奶牛、肉牛和肉羊优势区域布局规划相结合，与当地国民经济与社会发展计划、与种植业布局规划相衔接。要因地制宜，分类指导，农区要把种养结合、适度规模养殖作为主推方向，牧区要大力推进现代生态型家庭牧场建设。各地要从实际出发，根据不同区域特点，综合考虑当地饲草料资源条件、土地粪污消纳能力、经济发展水平等因素，认真理清发展思路，明确发展目标，发挥比较优势，形成各具特色的标准化规模生产格局。要按照国土资源部、农业部《关于促进规模化畜禽养殖用地政策的通知》（国土资发（2007）220号）要求，确保规模养殖用地；按照《中华人民共和国草原法》有关规定，把人工饲草料用地纳入草原建设保护利用规划，确保牧区现代生态型家庭牧场人工饲草料用地。

（二）大力推行畜禽标准化生产

畜禽标准化生产，就是在场址布局、栏舍建设、生产设施配备、良种选择、投入品使用、卫生防疫、粪污处理等方面严格执行法律法规和相关标准的规定，并按程序组织生产的过程。各地畜牧兽医主管部门要围绕重点环节，着

力于标准的制修订、实施与推广，达到"六化"，即：畜禽良种化，养殖设施化，生产规范化，防疫制度化，粪污处理无害化和监管常态化。要因地制宜，选用高产优质高效畜禽良种，品种来源清楚、检疫合格，实现畜禽品种良种化；养殖场选址布局应科学合理，符合防疫要求，畜禽圈舍、饲养与环境控制设备等生产设施设备满足标准化生产的需要，实现养殖设施化；落实畜禽养殖场和小区备案制度，制定并实施科学规范的畜禽饲养管理规程，配制和使用安全高效饲料，严格遵守饲料、饲料添加剂和兽药使用有关规定，实现生产规范化；完善防疫设施，健全防疫制度，加强动物防疫条件审查，有效防止重大动物疫病发生，实现防疫制度化；畜禽粪污处理方法得当，设施齐全且运转正常，达到相关排放标准，实现粪污处理无害化或资源化利用；依照《中华人民共和国畜牧法》《饲料和饲料添加剂管理条例》《兽药管理条例》等相关法律法规，对饲料、饲料添加剂和兽药等投入品使用，畜禽养殖档案建立和畜禽标识使用实施有效监管，从源头上保障畜产品质量安全，实现监管常态化。各地要建立健全畜禽标准化生产体系，加强关键技术培训与指导，加快相关标准的推广应用步伐，着力提升畜禽标准化生产水平。

（三）推进标准化规模养殖的产业化经营

标准化规模养殖与产业化经营相结合，才能实现生产与市场的对接，产业上下游才能贯通，畜牧业稳定发展的基础才更加牢固。近年来，产业化龙头企业和专业合作经济组织在发展标准化规模养殖方面取得了不少成功的经验。要继续发挥龙头企业的市场竞争优势和示范带动能力，鼓励龙头企业建设标准化生产基地，开展生物安全隔离区建设，采取"公司＋农户"等形式发展标准化生产。积极扶持畜牧专业合作经济组织和行业协会的发展，充分发挥其在技术推广、行业自律、维权保障、市场开拓方面的作用，实现规模养殖场与市场的有效对接。各地畜牧兽医主管部门要加强信息引导和服务，鼓励产区和销区之间建立产销合作机制，签订长期稳定的畜产品购销协议；鼓励畜产品加工龙头企业、大型批发市场、超市与标准化规模养殖场户建立长期稳定的产销合作关系，并推动标准化规模养殖场上市畜产品的品牌创建，努力实现生产上水平、产品有出路、效益有保障。

（四）突出抓好畜禽养殖污染的无害化处理

近年来，我国畜牧业发展对生态环境的影响日益显现，一些地方畜禽养殖污染势头加剧。2007年畜禽粪污化学需氧量（COD）排放量达到1 268.3万吨，占全国COD总排放量的41.9%。各地要坚持一手抓畜牧业发展，一手抓畜禽养殖污染防治，正确处理好发展和环境保护的关系。抓紧出台畜禽养殖废弃物综合防治规划，突出减量化、无害化和资源化的原则，把畜禽养殖废弃物防治作为标准化规模养殖的重要内容，总结推广养殖废弃物综合防治和资源化利用的有效模式。要结合各地实际情况，采取不同处理工艺，对养殖场实施干清粪、雨污分流改造，从源头上减少污水产生量；对于具备粪污消纳能力的畜禽养殖区域，按照生态农业理念统一筹划，以综合利用为主，推广种养结合生态模式，实现粪污资源化利用，发展循环农业；对于畜禽规模养殖相对集中的地区，可规划建设畜禽粪便处理中心（厂），生产有机肥料，变废为宝；对于粪污量大而周边耕地面积少，土地消纳能力有限的畜禽养殖场，采取工业化处理实现达标排放。各地在抓好畜禽粪污治理的同时，要按有关规定做好病死动物的无害化处理。

（五）积极开展畜禽养殖标准化示范创建活动

典型引路、示范带动是加快推进畜禽标准化规模养殖的有效途径。2010年起，农业部将启动实施畜禽养殖标准化示范创建活动，以生猪、奶牛、蛋鸡、肉鸡、肉牛和肉羊为重点，在主产区试点基础上逐步扩大至全国，通过政策扶持、宣传培训、技术引导、示范带动，发挥标准化示范场在标准化生产、动物防疫条件管理、安全高效饲料推广、畜禽粪污处理和产业化经营等方面的示范带动作用，全面推进畜禽标准化规模养殖进程。各有关省区要按照要求认真组织实施本地区的示范创建工作，科学制定实施方案，细化分解工作任务，加强宣传发动，积极营造广泛参与的良好氛围；成立创建专家组，加强对参与创建单位的技术培训与指导，帮助解决创建过程中遇到的技术难题；切实组织好评审验收工作，确保创建活动公正、公平、公开，验收达标的养殖场授予"农业部生猪（或奶牛、蛋鸡、肉鸡、肉牛、肉羊）标准化示范场"称号。各地要加强对标准化示范场的监督管理与指导，及时总结经验，确保创建成效。同时有条件的地区可结合本地实际，组织开展多种形式的示范推广。

（六）切实加强推进标准化规模养殖的组织领导

发展标准化规模养殖是加快畜牧业生产方式转变的根本抓手。各级畜牧兽医主管部门要进一步提高认识，统一思想，切实把发展畜禽标准化规模养殖作为当前和今后一个时期建设现代畜牧业的重中之重，明确责任，强化措施，做到发展有思路、建设有重点、考核有指标。国家扶持畜禽标准化规模养殖的政策资金优先向示范场倾斜。各地要落实好生猪、奶牛标准规模养殖场（小区）建设和大中型沼气建设等项目，积极争取地方政府政策和资金支持，加强对畜禽标准化规模养殖场（小区）基础设施建设，扶持大中型畜禽养殖企业利用沼气等方式进行粪污处理，提高畜禽粪污集约化处理和利用能力。要充分利用各种新闻媒体，大力宣传标准化规模养殖的重要意义，推广各地发展标准化规模养殖的成功经验，普及标准化生产知识，增强广大养殖场户的标准化意识。发挥畜牧兽医技术支撑机构、科研院所、产业技术体系和行业协会的技术优势，广泛开展标准化生产培训与指导，提高畜禽标准化生产水平。

三、畜禽养殖业污染物排放标准

国家环保总局、国家质量监督检验检疫总局 2001 年 12 月 28 日发布《畜禽养殖业污染物排放标准》，于 2003 年 1 月 1 日实施。该标准对畜禽养殖允许排放的氨氮、总磷等指标进行了规定。根据畜禽养殖业污染物排放的特点，本标准规定的污染物控制项目包括生化指标、卫生学指标和感观指标等。为推动畜禽养殖业污染物的减量化、无害化和资源化，促进畜禽养殖业干清粪工艺的发展，减少水资源浪费，本标准规定了废渣无害化环境标准。本标准适用于集约化、规模化的畜禽养殖场和养殖区，不适用于畜禽散养户。本标准按集约化畜禽养殖业的不同规模分别规定了水污染物、恶臭气体的最高允许日均排放浓度、最高允许排水量，畜禽养殖业废渣无害化环境标准。

（一）本标准适用的畜禽养殖场和养殖区的规模分级（表1和表2）

表1　集约化畜禽养殖场的适用规模（以存栏数计）

规模分级	类别	猪（头）（25千克以上）	鸡（只）		牛（头）	
			蛋鸡	肉鸡	成年奶牛	肉牛
Ⅰ级		≥ 3 000	≥ 100 000	≥ 200 000	≥ 200	≥ 400
Ⅱ级			15 000 ≤ Q <100 000	30 000 ≤ Q <200 000	100 ≤ Q <200	200 ≤ Q <400

注：Q 表示养殖量

表2　集约化畜禽养殖区的适用规模（以存栏数计）

规模分级	类别	猪（头）（25千克以上）	鸡（只）		牛（头）	
			蛋鸡	肉鸡	成年奶牛	肉牛
Ⅰ级		≥ 6 000	≥ 200 000	≥ 400 000	≥ 400	≥ 800
Ⅱ级			100 000 ≤ Q <200 000		200 ≤ Q <400	

注：Q 表示养殖量

对具有不同畜禽种类的养殖场和养殖区，其规模可将鸡、牛的养殖量换算成猪的养殖量，换算比例为：30 只蛋鸡折算成 1 头猪，60 只肉鸡折算成 1 头猪，1 头奶牛折算成 10 头猪，1 头肉牛折算成 5 头猪。

对集约化养羊场和养羊区，将羊的养殖量换算成猪的养殖量，换算比例为：3 只羊换算成 1 头猪，根据换算后的养殖量确定养羊场或养羊区的规模级别，并参照本标准的规定执行。

（二）定义

1. 集约化畜禽养殖场

指进行集约化经营的畜禽养殖场。集约化养殖是指在较小的场地内，投入较多的生产资料和劳动，采用新的工艺与技术措施，进行精心管理的饲养方式。

2. 集约化畜禽养殖区

指距居民区一定距离，经过行政区划确定的多个畜禽养殖个体生产集中的区域。

3. 废渣

指养殖场外排的畜禽粪便、畜禽舍垫料、废饲料及散落的毛羽等固体废物。

4. 恶臭污染物

指一切刺激嗅觉器官，引起人们不愉快及损害生活环境的气体物质。

5. 臭气浓度

指恶臭气体（包括异味）用无臭空气进行稀释，稀释到刚好无臭时所需的稀释倍数。

6. 最高允许排水量

指在畜禽养殖过程中直接用于生产的水的最高允许排放量。

（三）本标准按水污染物、废渣和恶臭气体的排放

1. 畜禽养殖业水污染物排放标准

表3　集约化畜禽养殖业水冲工艺最高允许排水量

种类 季节	猪（立方米/百头·天）		鸡（立方米/千只·天）		牛（立方米/百头·天）	
	冬季	夏季	冬季	夏季	冬季	夏季
标准值	2.5	3.5	0.8	1.2	20	30

注：废水最高允许排放量的单位中，百头、千只均指存栏数

春、秋季废水最高允许排放量按冬、夏两季的平均值计算（表3）。

表4　集约化畜禽养殖业干清粪工艺最高允许排水量

种类 季节	猪（立方米/百头·天）		鸡（立方米/千只·天）		牛（立方米/百头·天）	
	冬季	夏季	冬季	夏季	冬季	夏季
标准值	1.2	1.8	0.5	0.7	17	20

注：废水最高允许排放量的单位中，百头、千只均指存栏数

春、秋季废水最高允许排放量按冬、夏两季的平均值计算（表4）。

表5　集约化畜禽养殖业水污染物最高允许日均排放浓度

控制项目	五日生化需氧量（毫克/升）	化学需氧量（毫克/升）	悬浮物（毫克/升）	氨氮（毫克/升）	总磷（以P计）（毫克/升）	粪大肠菌群数（个/升）	蛔虫卵（个/升）
标准值	150	400	200	80	8	10 000	2

2.畜禽养殖业废渣无害化环境标准（表6）

表6　畜禽养殖业废渣无害化环境标准

控制项目	指标
蛔虫卵	死亡率≥95%
粪大肠菌群数	≤ 10^5 个/公斤

3.畜禽养殖业恶臭污染物排放标准（表7）

表7　集约化畜禽养殖业恶臭污染物排放标准

控制项目	标准值
臭气浓度（无量纲）	70

"养殖场健康养殖与环境控制设施设备"状况调查问卷

问卷编号：＿＿＿＿＿＿＿

时间：＿＿年＿＿月＿＿日

调查人：＿＿＿＿＿＿＿

"养殖场健康养殖与环境控制设施设备"状况调查问卷

区／县名称＿＿＿＿＿＿＿＿＿＿

镇／乡名称＿＿＿＿＿＿＿＿＿＿

养殖场（区、户）名称＿＿＿＿＿＿＿＿＿＿

养殖场（区、户）法人＿＿＿＿＿＿＿＿＿＿

被访谈人姓名＿＿＿＿＿＿＿＿＿＿

被访谈人电话＿＿＿＿＿＿＿＿＿＿

被访谈人邮箱＿＿＿＿＿＿＿＿＿＿

2013 年 5 月

第一部分 奶牛场基本情况

编码	问题	选项／单位	答案
101	牛场（区、户）所有制形式	1= 国营；2= 民（私）营；3= 独资；4= 股份；5= 村集体；6= 个体	
102	牛场（区、户）所属级别	1= 国家级龙头企业；2= 省(市)级龙头企业；3= 县（区）级龙头企业；4= 一般企业	
103	牛场法人（场主）文化程度	1= 初中及以下；2= 高中或中专；3= 大专及以上	
104	牛场（区、户）职工总数	人	
105	其中：有健康证员工数	人	
106	牛场（区、户）的场区面积	平方米	
107	其中：牛舍占地面积	平方米	
108	运动场面积	平方米	
109	饲草料库面积	平方米	
110	粪便处理场面积	平方米	
111	绿化面积	平方米	
112	牛场配套土地面积	亩	
113	其中：饲用地面积	亩	
114	牛场总存栏数	头	
115	其中：犊牛数	头	
116	育成牛	头	
117	青年牛	头	
118	成母牛	头	
119	牛场饲养品种	1= 荷斯坦；2= 娟珊牛；3= 西门塔尔牛；4= 其他	
120	其中：荷斯坦	头	
121	娟珊牛	头	
122	西门塔尔牛	头	
123	其他（说明）	头	
124	牛场（区、户）是否加入奶牛专业合作组织？	1 =是；2 =否	

第二部分　奶牛场基本设施设备情况

编码	问题	选项 / 单位	回答
201	牛舍建筑形式	1= 封闭式；2= 开放式；3= 半开放式	
202	牛舍屋顶形式	1= 单坡结构 2= 双坡结构	
203	牛舍屋架结构	1= 木（砖）结构；2= 预制钢筋混凝土结构；3= 钢筋混凝土门式钢架结构；4= 铁皮	
204	牛场固定资产总投资	万元	
205	其中：牛场土建投资	万元	
206	设备设施投资	万元	
207	奶牛的资产投入	万元	
208	饲喂技术设施设备投资	万元	
209	其中：TMR 设备投资	万元	
210	牛场环境控制设备投资	万元	
211	其中：防暑降温设施投资	万元	
212	保温防寒设施投资	万元	
213	动物福利设施投资	万元	
214	牛场粪污处理设备投资	万元	
215	其中：清粪设施投资	万元	
216	粪污处理设施投资	万元	
217	有机肥加工设施投资	万元	
218	智能化管理设施设备投资	万元	
219	其中：监控设施投资	万元	
220	计步器投资	万元	
221	全自动挤奶器投资	万元	

第三部分　牛舍选址和防疫措施

编码	问题	选项 / 单位	回答
301	牛场（区、户）离附近居民区（工厂、集贸市场）的距离	1=200 米以内；2=200~500 米；3=500~1 000 米；4=1 000 米以上	
302	牛场（区、户）离国道以上级公路的距离	1=500 米以内；2=500 米以外	
303	牛场（区、户）1 500 米以内是否有屠宰场、化工和工矿企业	1= 是；2= 否	
304	牛场（区、户）1 500 米以内是否有其他畜禽养殖场	1= 是；2= 否	
305	牛场大门口是否有消毒室	1= 有；2= 没有	
306	如果有，紫外线灯离地面距离	1=0.5 米以内；2=0.5~1 米；3=1~2 米以内；4=2 米以上	
307	牛场大门口是否有消毒池	1= 有；2= 没有	
308	饮水槽是否定期消毒	1= 是　2= 否	
309	如果是，夏季定期消毒时间	1= 每天　2=2~3 天　3= 4~7 天　4= 其他（说明）	
310	冬季定期消毒时间	1= 每天　2=2~3 天　3= 4~7 天　4= 其他（说明）	
311	牛场生产区与生活区、管理区是否分离	1= 是；2= 否	
312	生活区、管理区是否位于生产区常年主导风向的上风向	1= 是；2= 否	
313	生活区离生产区的距离	1=100 米以下（含）；2=100 米以上	
314	管理区离生产区的距离	1=50 米以下（含）；2=50 米以上	
315	牛场是否有病牛隔离区	1= 有；2= 无	

第四部分 应激设施情况

编码	问题	选项 / 单位	回答
	热应激设施		
401	牛舍顶及外墙是否进行隔热材料处理	1= 瓦面刷白；2= 屋顶堆放干草；3= 苯板；4= 岩棉；5= 隔热材料；6= 无	
402	牛舍是否有防暑降温设施		
403	哺乳期犊牛	1= 喷淋；2= 风扇；3= 喷淋 + 风扇；4= 隧道蒸发冷却系统；5= 无	
404	断奶期犊牛	1= 喷淋；2= 风扇；3= 喷淋 + 风扇；4= 隧道蒸发冷却系统；5= 无	
405	青年牛	1= 喷淋；2= 风扇；3= 喷淋 + 风扇；4= 隧道蒸发冷却系统；5= 无	
406	后备母牛	1= 喷淋；2= 风扇；3= 喷淋 + 风扇；4= 隧道蒸发冷却系统；5= 无	
407	泌乳牛	1= 喷淋；2= 风扇；3= 喷淋 + 风扇；4= 隧道蒸发冷却系统；5= 无	
408	干奶牛	1= 喷淋；2= 风扇；3= 喷淋 + 风扇；4= 隧道蒸发冷却系统；5= 无	
409	运动场是否有遮阳降温设施	1= 遮阳网；2= 遮阳棚；3= 绿色植物；4= 无	
	冷应激设施		
410	是否有初生犊牛保育舍	1= 有；2= 无	
411	保育舍是否有加热设备（如浴霸等设施）	1= 有；2= 无	
412	保育舍是否有大棚挡风设施	1= 有；2= 无	
413	饮水槽是否有加热装置	1= 有；2= 无	
414	如果有，是何种装置	1= 自动恒温整体饮水槽；2= 电炉加热饮水槽；3= 简装加热饮水槽；4= 其他（说明）	
415	冬季饮水槽达到的饮水温度	1=10 摄氏以下（不含 10 摄氏）2=10 摄氏以上	
416	冬季牛舍是否有卷帘 /临时挡板	1= 有；2= 无	
417	冬季牛舍牛床是否有垫料	1= 有；2= 无	
418	如果有，垫料类型	1= 沙子；2= 三合土；3= 橡胶垫4= 垫草 5= 其他（说明）	

第五部分　健康养殖设备与动物福利设施情况

编码	问题	选项 / 单位	2012 年
501	自由卧栏牛舍牛床垫料	1= 沙子；2= 三合土；3= 橡胶垫； 4= 垫草；5= 干粪；6= 其他（说明）	
502	运动场地面类型	1= 三合土；2= 砖；3= 水泥； 4= 天然地面；5= 干粪；6= 其他（说明）	
503	奶牛的采食位是否充足	1= 一牛一位；2= 不能达到一牛一位	
504	饮水槽一次能容几头牛同时饮水	头	
505	奶牛饮水位是否充足	1= 充足（每头牛 30 厘米以上） 2= 不充足（每头牛 30 厘米以下） 3= 其他（说明）	
506	是否有 TMR 搅拌机	1= 有；2= 无	
507	是否有牛舍清粪机	1= 有；2= 无	
508	牛场是否配有牛体刷	1= 有；2= 无	
509	牛场是否有自动翻转修蹄架	1= 有；2= 无	
510	牛场是否铺有橡胶地板	1= 有；2= 无	
511	牛场是否有舔砖	1= 有；2= 无	
512	挤奶厅是否有音乐装置	1= 有；2= 无	

第六部分　牛场粪污处理

编码	问题	选项/单位	回答
601	牛场牛粪日产量	吨	
602	牛舍粪便处理方式	1=人工清粪；2=机械清粪；3=水冲清粪	
603	牛粪处理方式	1=堆肥发酵后还田；2=直接还田；3=沼气；4=干湿分离生产再生垫料；5=其他（说明）	
604	牛场污水日产量	吨	
605	污水处理方式	1=直接排放到生活排水道；2=直接排到就近水体；3=污水池存放；4=沉淀池处理后排放；5=排入沼气池；6=经过氧化塘无害化处理	
606	挤奶厅粪污处理方式	1=人工清粪；2=机械清粪；3=水冲清粪	
607	有无固定堆粪场	1=有；2=无→填写610	
608	堆粪场面积	平方米	
609	堆粪场地面是否有防渗处理	1=有；2=无	
610	牛场是否有雨污分离设施	1=有；2=无	
611	牛场有无排污沟	1=有；2=无	
612	排污沟长度	米	
613	排污沟有无防渗设施	1=有；2=无	
614	政府有无粪污处理设施设备建设补贴	1=有；2=无→填写第七部分	
615	如果有，是哪一年实施的	年	
616	实施的什么项目	说明	
617	补贴多少钱	万元	

第七部分　牛场生产效益情况

编码	问题	单位	金额
	年生产收入		
701	牛场（区、户）年总产奶量	吨	
702	平均每头牛年产奶量	吨/头·年	
703	牛场主要销售渠道	1=三元；2=蒙牛；3=伊利；4=光明；5=其他（说明）	
704	平均原料奶收购价格	元/公斤	
705	牛奶销售收入	万元	
706	牛粪销售收入	万元	
707	犊牛销售收入	万元	
708	淘汰牛销售收入	万元	
	年饲养成本		
709	奶牛购买支出	万元	
710	精饲料费	万元	
711	青粗饲料费	万元	
712	饲料加工费	万元	
713	水费	万元	
714	燃料动力费	万元	
715	其中：电费	万元	
716	煤费	万元	
717	其他燃料动力费	万元	
718	医疗防疫费	万元	
719	死亡损失费	万元	
720	技术服务费	万元	
721	工具材料费	万元	
722	修理维护费	万元	
723	雇工费用	万元	
724	其他费用（租地费用等）	万元	

第八部分　饲养管理情况

编码	问题	选项/单位	答案
801	牛场有无智能化管理系统（自动监测系统）	1=有；2=无	
802	有无智能化牛群挤奶系统（全自动挤奶）	1=有；2=无	
803	有无智能化饲喂系统（TMR机）	1=有；2=无	
804	有无智能化发情系统（计步器）	1=有；2=无	
805	有无智能化称重系统	1=有；2=无	
806	牛场有没有健康管理计划	1=有；2=无	
807	有没有建立牛群健康评价体系	1=有；2=无	
808	有没有定期对牛进行体况评分	1=有；2=无	
809	奶牛场是否定期或者经常进行牛群健康评价	1=有；2=无	
810	牛场是否开展过牛群乳房健康检测与评价	1=有；2=无	
811	牛场是否开展过奶牛应激状况监测与评价	1=有；2=无	

参考文献

曹从荣，张漫．2004.规模化畜禽养殖场粪污处理模式的选择 [J]. 中国环保产业，（05）26-28.

陈斌玺，刘俊专，吴银宝，等．2012.海南省农地土壤畜禽粪便承载力和养殖环境容量分析 [J]. 家畜生态学报，（6）78-84.

陈海媛，郭建斌，张宝贵，等．2012.畜禽养殖业产污系数核算方法的确定 [J]. 中国沼气，30（3）：14-16.

陈蓉．浙江省畜禽养殖废弃物调查与生态管理研究 [D]. 临安：浙江林学院．2009:8-11

陈天宝，万昭军，付茂忠，等．2012.基于氮素循环的耕地畜禽承载能力评估模型建立与应用 [J]. 农业工程学报，（2）：191-195.

陈微，刘丹丽，刘继军，等．2009.基于畜禽粪便养分含量的畜禽承载力研究 [J]. 中国畜牧杂志，（1）：46-50.

仇焕广，廖绍攀，井月，等．2013.我国畜禽粪便污染的区域差异与发展趋势分析 [J]. 环境科学，（7）：2 766-2 774.

丁凡琳，董晓霞，王建芬，等．奶牛养殖场粪污处理模式选择及影响因素分析——以北京市为例 [J]. 上海农业学报，2015.

董红敏，朱志平，黄宏坤，等．2011.畜禽养殖业产污系数和排污系数计算方法 [J]. 农业工程学报，27（1）：303-308.

董克虞．1998.畜禽粪便对环境的污染及资源化途径 [J]. 农业环境保护，17（6）：281-283.

董晓霞等著．2014.奶牛规模化养殖与环境保护 [M]. 中国农业科学技术出版社．北京．

费新东，冉奇严．2009.厌氧发酵沼气工程的工艺及存在的问题 [J]. 中国环保产业，（12）：30-34.

耿维，胡林，崔建宇，等 . 2013. 中国区域畜禽粪便能源潜力及总量控制研究 [J]. 农业工程学报，（01）：171-179+295.

郭冬生，王文龙，彭小兰，等 . 2012. 湖南省畜禽粪污排放量估算与环境效应 [J]. 中国畜牧兽医，（12）：199-204.

郭娜，陈前林，郭妤，等 . 2010. 畜禽养殖废水处理技术 [J]. 广东化工，（10）：97-98.

国家环境保护局科技标准司 . 1996. 工业污染物产生和排放系数手册 [M]. 北京：中国环境科学出版社 .

国家环境保护总局自然生态保护司 . 2002. 全国规模化畜禽养殖业污染情况调查及防治对策 [J]. 北京：中国环境科学出版社，77-78.

韩芳，林聪 . 2011. 畜禽养殖场沼气工程厌氧消化技术优化分析 [J]. 农业工程学报，S1：41-47.

河北省人民政府办公厅关于印发河北省畜禽养殖场养殖小区规模标准和备案程序管理办法的通知，（冀政办函〔2007〕42 号 .

胡启春，宋立 . 2005. 奶牛养殖场粪污处理沼气工程技术与模式 [J]. 中国沼气，04：23-26.

黄华，耿贵胜，于国兴，等 . 2013. 规模化奶牛养殖场的粪便加工处理 [J]. 中国奶牛，01：46-48.

李帆，鲍先巡，王文军，等 . 2012. 安徽省畜禽养殖业粪便成分调查及排放量估算 [J]. 安徽农业科学，12：7 359-7 361

李飞，董锁成 . 2011. 西部地区畜禽养殖污染负荷与资源化路径研究 [J]. 资源科学，11：2 204-2 211.

李慕菡，张晓林，张连众 . 2013. 中国出口畜禽产品的碳排放研究 [J]. 生态经济，10：85-87+94.

李庆康，等 . 2000. 我国集约化畜禽养殖场粪便处理利用现状及展望 [J]. 农业环境保护，19（4）：251-254.

李亚夫 . 2003. 世界各国如何对待畜禽养殖污染 [J]. 畜牧兽医科技信息 .19（5）：

41.

李子奈.2000.计量经济学[M].高等教育出版社.

梁亚娟,樊京春.2004.养殖场沼气工程经济分析[J].可再生能源,(3):
49-51.

林斌,洪燕真,戴永务,等.2009.规模化养猪场沼气工程发展的财政政策研
究[A].福建省农业工程学会.福建省农业工程学会2009年学术年会论文集
[C].福建省农业工程学会,6.

刘培芳,陈振楼,许世远,等.2002.长江三角洲城郊畜禽粪便的污染负荷及
其防治对策[J].长江流域资源与环境,(5):456-460.

刘姝芳,李艳霞,张雪莲,等.2013.东北三省畜禽养殖类固醇激素排放及其
潜在污染风险[J].环境科学,(8):3 180-3 187.

刘雪珍,施玉书,牛文科,等.2007.养殖污染物资源化利用型生态养猪场建
设模式和技术[J].环境控制与污染防治,(2):49-51.

刘忠,段增强.2010.中国主要农区畜禽粪尿资源分布及其环境负荷[J].资源科
学,32(5).

吕文魁,王夏晖,白凯,等.2013.我国畜禽养殖废弃物综合利用技术模式
应用性评价研究——基于嵌入AHP理论的德尔菲法[J].安全与环境工程,
(5):85-89+99.

莫海霞,仇焕广,王金霞,等.2011.我国畜禽排泄物处理方式及其影响因素
[J].农业环境与发展,28(6):59—64.

农文协.畜产环境对策大事典[M],1995,日本:东京农山渔村文化协会出
版社.

彭里,王定勇.2004.重庆市畜禽粪便年排放量的估算研究[J].农业工程学报,
(1):288-292.

彭新宇.2007.畜禽养殖污染防治的沼气技术采纳行为及绿色补贴政策研究:以
养猪专业户为例[D].北京:中国农业科学院.

钱永清,范建敏,许大新.1992.上海市郊禽畜粪尿污染趋势与对策[J].上海环
境科学11(4):37-39.

石利利，金怡，吴文铸，等. 2008. 我国畜禽养殖业产排污系数研究状况 [J]. 全国畜禽和水产养殖污染监测与控制治理技术交流研讨会论文集.

孙家宾，陈光年，彭朝晖，等. 2011. 规模化养猪场废水处理沼气工程案例分析 [J]. 中国沼气，（4）：20-22+24.

谭美英，武深树，邓云波，等. 2011. 湖南省畜禽粪便排放的时空分布特征 [J]. 中国畜牧杂志，14：43-48.

田宜水. 2012. 中国规模化养殖场畜禽粪便资源沼气生产潜力评价 [J]. 农业工程学报，（8）：230-234.

万承刚. 2014. 欧洲主权债务危机对广东出口贸易的影响因素分析——基于二元 Logit 模型的实证检验 [J]. 暨南大学学报（哲学社会科学版），（7）：26-31

汪开英，刘健，陈小霞，等. 2009. 浙江省畜禽业产排污测算与土地承载力分析 [J]. 应用生态学报，（12）：3 043-3 048.

王成贤，石德智，沈超峰，等. 2011. 畜禽粪便污染负荷及风险评估——以杭州市为例 [J]. 环境科学学报，（11）：2 562-2 569.

王辉，董元华，张绪美，等. 2007. 江苏省集约化养殖畜禽粪便盐分含量及分布特征分析 [J]. 农业工程学报，（11）：229-233.

王浚峰，高继伟，冯英，等. 2011. 现代化牧场的粪污处理 [J]. 中国奶牛，（2）：60-63.

王立刚，李虎，王迎春，等. 2011. 小清河流域畜禽养殖结构变化及其粪便氮素污染负荷特征分析 [J]. 农业环境科学学报，（5）：986-992.

王玉法. 2007. 官溪村生态家园建设"一池三改"效益浅析 [J]. 能源与环境，（5）：89-90.

温萌芽，赖格英，刘胤文. 2007. 赣江流域畜禽养殖营养物质潜在排放量的估算与分析 [J]. 水资源与水工程学报，（4）：48-52.

吴丽丽，刘天舒，黄希国，等. 2010. 畜禽粪便固液分离方法及设备应用分析 [A]. 亚洲农业工程学会（Asian Association for Agricultural Engineering）、中国农业机械学会（Chinese Society for Agricultural Machinery）、全国农业机械标准化技术委员会（Technical Committee on Agricultural Machinery of

Standardization Administration of China）、中国农业工程学会（Chinese Society of Agricultural Engineering）.2010 国际农业工程大会发展循环农业，推动低碳经济分会场论文集 [C]. 亚洲农业工程学会（Asian Association for Agricultural Engineering）、中国农业机械学会（Chinese Society for Agricultural Machinery）、全国农业机械标准化技术委员会（Technical Committee 201 on Agricultural Machinery of Standardization Administration of China）、中国农业工程学会（Chinese Society of Agricultural Engineering）：5.

武淑霞 .2005. 我国农村畜禽养殖业氮磷排放变化特征及其对农业面源污染的影响 [D]. 北京：中国农业科学院 .

肖冬生 .2002. 规模化养猪场粪污水处理和利用的研究 [D]. 北京：中国农业大学 .

杨国义，陈俊坚，何嘉文，等 . 2005. 广东省畜禽粪便污染及综合防治对策 [J]. 土壤肥料，（02）：46–48.

张玲玲，刘化吉，赵丽娅，等 . 2011. 武汉城市圈畜禽养殖污染负荷分析 [J]. 安徽农业科学，（11）：6 402–6 404.

张美华 . 2006. 畜禽养殖污染的环境经济学分析——以密云县为例 [D]. 北京：首都示范大学，6.

张勤，王克科，赵颖，等 . 2005. 厌氧消化法处理畜禽养殖业废水的影响因素及综合利用 [J]. 河南畜牧兽医，（9）：8–10.

张全国，范振山，杨群发 . 2005. 辅热集箱式畜禽粪便沼气系统研究 [J]. 农业工程学报，（9）：146–150.

张田，卜美东，耿维 . 2012. 中国畜禽便污染现状及产沼气潜力［J］. 生态学杂志，31（5）：1 241–1 249.

张绪美，董元华，王辉，等 . 2007. 江苏省农田畜禽粪便负荷时空变化 [J]. 地理科学，（4）：597–601.

周凯，雷泽勇，王智芳，等 . 2010. 河南省畜禽养殖粪便年排放量估算 [J]. 中国生态农业学报，（5）：1 060–1 065.

朱梅，吴敬学，张希三 .2010. 海河流域畜禽养殖污染负荷研究 [J]. 农业环境科学学报，（8）：1 558-1 565.

朱宁，马骥 . 2014. 中国畜禽粪便产生量的变动特征及未来发展展望 [J]. 农业展
望，（1）：46-48+74.

Ami Smith.et al.2004. Archaeal diversity of a thermophilicmethanogenic pilot scale
digester treating poultry farm waste[A].Proceedings 10th World Congress AD[C].
Montreal，Canada. 1 574-1 577.

Amy MBooth，Charles Hagedorn，Alexandria K Graves，et al. 2003. Sources
of fecal pollution in Virginiap'sBlackwater River ［J］.Journal of Environmental
Engineering，129（6）：547-552.

ASAE Standards，51th ed. 2004. D384.1: Manure Production and Characteris-
tics[M]. 2004: 666-669.St. Joseph，Mich.:ASABE.

Bannon C.D. and Klausner S. 1996.Land requirements for the landapplication of the
animal manure. Animal Agriculture and theEnvironment: Nutrients，Pathogens，
and Community Relations.In: Proceedings from the Animal Agriculture and the
Environ- ment North American Conference，Rochester，NY，December 11 - 13.
Northeast Regional Agricultural Engineering Service，Ithaca，NY，pp. 194-204.

Baset B B，2002. ArmandoA.Geographic information system based manure
application plan[J].Journal of Environmental Management，64（2）：99-113

Belsky A J，Matzke A，1999. UselmanS.Survey of livestock influences on
stream and riparian ecosystems in the western United States［J］.Soil and Water
Conservation，54（1）：419- 431.

Bolan，N.S.，Adriano，A.D.，Wong，C. 2004. Nutrient removal from farm
effluents[J]. Bioresour.Technol. 94，251-260.

BurtonC H，TurnerC. 2003. M anuremanagement[M]. UK: SilsoeResearch
Institute，355-398.

C NMulligan. 2004. An evaluation of the sustainability of the anaer-obic digestion
of manure ［C]. Proceedings 10th World Congress AD，Montreal，Canada，
11 786-17 891.

C NMulligan. 2004. An evaluation of the sustainability of the anaer-obic digestion of manure[C].Proceedings 10th World Congress AD, Montreal, Canada, 1 786-1 789.

Combs S.M. and Peters J.B. 2000. Wisconsin Soil Test Summary: 1995-1999. New Horizons in Soil Science.No.8.University of Wisconsin, Department of Soil Science, Madison, Wisconsin.

Craggs, R.J., Sukias, J.P., Tanner, C.C., Davies-Colley, R.J. 2004. Advanced pond system for dairy-farm effluent treatment[J]. New Zealand J. Agric. Res., 47, 449–460.

DHodgkinson, G Liu, MKubines. 2004.Technical and feasibility ofmanure treatment with low temperature anaerobic digestion[A].Proceedings 10th World Congress AD[C].Montreal, Canada, 1 753-1 754.

HahneJ. 2001. Aerobic thermophilic manure treatment with disinfection and nitro-gen recovery [A]. Contribution toM a-tresaworkshop IMAG [C]. W ageningen, Netherlands.

Hanne DamgarrdPoulsen, Verner Friis Kristensen. 1998. Standard Values for Farm Manure-A Revaluation of the Danish Standard Values Concerning the Nitrogen, Phosphorous and Potassium content of manure [M], DIAS report. No7. Animal-Husbandry, 12, pp167.

J. Mark Powell, Douglas B. Jackson-Smith and Larry D. Satter. 2002. Phosphorus feeding and manure nutrient recycling on Wisconsin dairyFarms[J].Nutrient Cy-cling in Agroecosystems, 62 : 277–286.

Jordan C, HigginsA, WrightP. 2007. Slurry acceptance mapping of Northern Ireland for run-off risk assessment[J].Soil Use and Management, 23 (3): 245-253.

Lanyon L.E. and Thompson P.B. 1996.Changing emphasis of farm production. Animal Agriculture and the Environment: NutrientsPathogens, and Community Relations. In: Proceedings from theAnimal Agriculture and the Environment

North American Conference, Rochester, NY, December 1-13. Northeast
Regional Agricultural Engineering Service, Ithaca, NY, pp. 15-23.

Morse D., Head H.H., Wilcox C.J., Van Horn H.H., HissemC.D.and Harris B.
Jr 1992.Effects of concentration of dietaryphosphorus on amount and route of
excretion. J. Dairy Sci. 75 : 3 039-3 049.

Ogink NW M, W illers H C, Satter IH G, KroodsmaW. 1998. In-tegrated manure
and emission control in pigmanureproduction[A]. The Dutch Japanese workshop
on Precision DairyFarming[C]. W ageningen.

Powell J M, Douglas B, Jackson -Smith, et al. 2002. PhosphorusFeeding and
manure nutrient recycling on Wisconsin dairy farms[J]. Nutr Cycl Agroecosys,
62 : 277-286.

Powell J.M., Wu Z. and Satter L.D. 2001. Dairy diet effects onphosphorus cycles of
cropland. J. Soil and Water Conserv. 56 : 22-26.

Proost R.T. 1999. Variability of P and K soils test levels on Wisconsin Farms. In:
Proc. of the 1999 Wisconsin Fertilizer, Aglime& Pest Management Conference.
Madison, Wisconsin, pp. 278-282.

ProvoloG. 2005. Manure management practices in ombardy (Italy) [J].Biore-
sourceTechnology , 96 (2): 145-152

Ritter WF. 2001. Agricultural nonpoint source pollution : watershed management
and hydrology[M].Los Angeles : CRC Press LLC, 136- 158.

Rodriquez J . 2001.TRACJUSA : Animal litter treatment plan producing biogas
with an associated 16. 3MW co generationplant in Juneda (Lleida)[J]. Infopow-
er Plant Report, 34 : 19 35.

Sibbesen E, Runge-Metzger A. Phosphorus balance in European agriculture
-status and policy options. Phosphorus in the global environment[M]. New
York : John Wiley & Sons Ltd, 1995. 43-57.

Van Horn H.H., Wilkie A.C., PowersW.J. et al. 1994.Components of a dairy
manure management system. J. Dairy Sci.77 : 2 008-2030.

WJ Oswald；Algal production — problems，achievements and potential.G.Shelef，CJSoeder（Eds.），Algae Biomass，Elsevier/North-Holland/Biomedical Press，Amsterdam（1980），pp. 1-8

Wu Z. and Satter L.D. Milk production and reproductiveperformance of dairy cows fed twoconcentrations of phosphorusfor two years. J. Dairy. Sci. 2000a,83：1 052-1 063.

Wu Z. and Satter L.D. Milk production，reproductiveperformance，and fecal excretion of phosphorus by dairy cowsfed three amounts of phosphorus. J. Dairy Sci. 2000b,83：1 028–1 041.